日本经典技能系列丛书

铣床操作

（日）技能士の友編集部　编著

王精诚　译

机 械 工 业 出 版 社

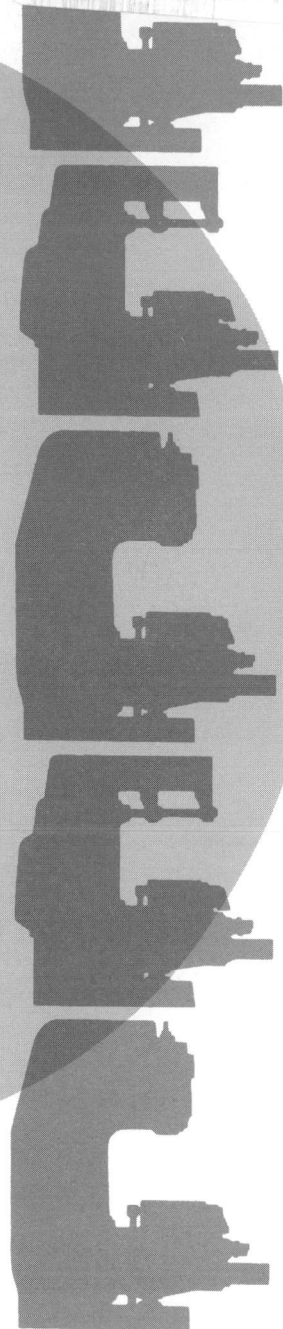

本书是一本关于铣床操作的入门指导书，主要内容包括：铣床的主要结构及种类、铣刀的选取及安装、铣床附件的安装方法和各种铣削加工实例。本书通过大量的具体加工实例，介绍了铣床的操作方法及加工过程。

本书可供铣工入门培训使用，也可作为技工学校相关专业师生的参考用书。

"GINO BOOKS 4：FRAISE BAN NO DANDORI"
written and compiled by GINOSHI NO TOMO HENSHUBU
Copyright © Taiga Shuppan，1971
All rights reserved.
First published in Japan in 1971 by Taiga Shuppan，Tokyo
This Simplified Chinese edition is published by arrangement with Taiga Shuppan，Tokyo in care of Tuttle-Mori Agency，Inc.，Tokyo

本书版权登记号：图字：01-2007-2338 号

图书在版编目（CIP）数据

铣床操作/（日）技能士の友编集部编著；王精诚译. —北京：机械工业出版社，2010.3（2023.10 重印）
（日本经典技能系列丛书）
ISBN 978-7-111-29843-4

Ⅰ.①铣… Ⅱ.①技…②王… Ⅲ.①数控机床—铣床—操作—基本知识 Ⅳ.①TG547

中国版本图书馆 CIP 数据核字（2010）第 030432 号

机械工业出版社（北京市百万庄大街22 号　邮政编码100037）
策划编辑：王晓洁　朱 华　责任编辑：赵磊磊
版式设计：霍永明　　　　责任校对：陈立辉
封面设计：鞠 杨　　　　责任印制：常天培
北京铭成印刷有限公司印刷
2023 年10 月第1 版第10 次印刷
182mm×206mm · 7.166 印张 · 199 千字
标准书号：ISBN 978-7-111-29843-4
定价：35.00 元

电话服务　　　　　　　　网络服务
客服电话：010-88361066　机 工 官 网：www.cmpbook.com
　　　　　010-88379833　机 工 官 博：weibo.com/cmp1952
　　　　　010-68326294　金 书 网：www.golden-book.com
封底无防伪标均为盗版　　机工教育服务网：www.cmpedu.com

出版说明

　　为了吸收发达国家职业技能培训在教学内容和方式上的成功经验，我们引进了日本大河出版社的这套"技能系列丛书"，共17本。

　　该丛书主要针对实际生产的需要和疑难问题，通过大量操作实例、正反对比形象地介绍了每个领域最重要的知识和技能。该丛书为日本机电类的长期畅销图书，也是工人入门培训的经典用书，适合初级工人自学和培训，从20世纪70年代出版以来，已经多次再版。在翻译成中文时，我们力求保持原版图书的精华和风格，图书版式基本与原版图书一致，将涉及日本技术标准的部分按照中国的标准及习惯进行了适当改造，并按照中国现行标准、术语进行了注解，以方便中国读者阅读、使用。

目　录

人们常说，操作铣床最重要的是步骤。有这么一个说法："车工要动作敏捷，而铣工则要仔细考虑后再操作。"这不正说明了明确步骤的重要性吗？总之，一步一步准备就绪再开始运行，这就是铣床操作。

正因为如此，大家都认为"只要掌握了铣床的操作步骤便可以独当一面"。本书就是让你成为一名出色铣工的必备用书。

机械与工具

一般来说，铣刀和铣床没有严格的区分。通常将机器称为铣床，其上面使用的
工具称为铣刀。而且，仅是铣刀也有很多种，如整体铣刀、镶齿铣刀等。
各工厂根据自己的习惯采取不同的叫法。另外，还有直接以生产商
的名字来命名的。因此，与铣刀相关的工具和机器也有很多种
名称。

立式铣床

铣床各部分的名称

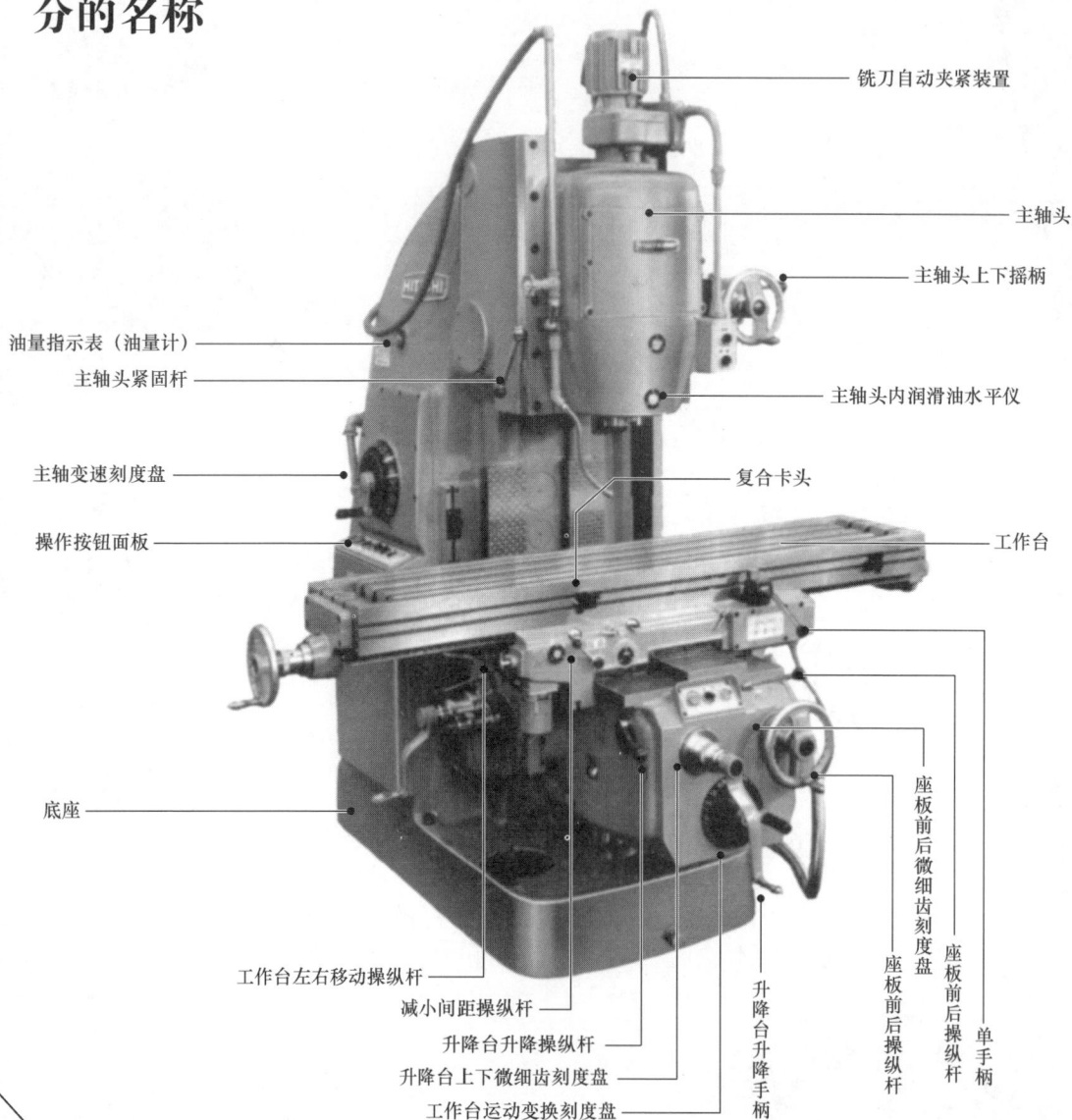

铣刀自动夹紧装置

主轴头

主轴头上下摇柄

油量指示表（油量计）

主轴头紧固杆

主轴头内润滑油水平仪

主轴变速刻度盘

复合卡头

操作按钮面板

工作台

底座

座板前后微细齿刻度盘

座板前后操纵杆

单手柄

工作台左右移动操纵杆

减小间距操纵杆

升降台升降操纵杆

升降台上下微细齿刻度盘

工作台运动变换刻度盘

升降台升降手柄

座板前后操纵杆

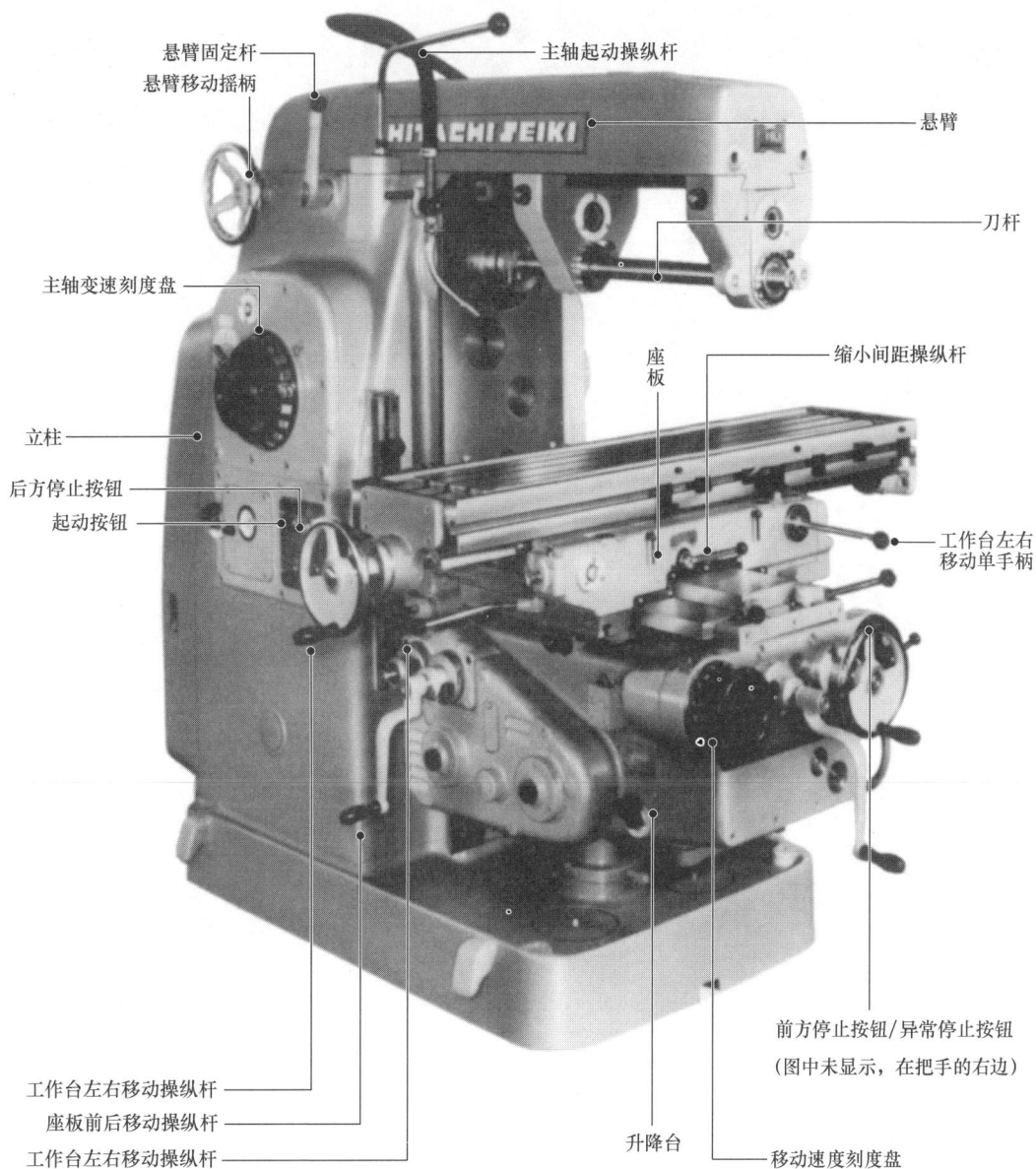

卧式铣床

悬臂固定杆 ——
悬臂移动摇柄 ——

主轴起动操纵杆 ——

悬臂 ——

HITACHI SEIKI

刀杆 ——

主轴变速刻度盘 ——

座板 ——

缩小间距操纵杆 ——

立柱 ——

后方停止按钮 ——
起动按钮 ——

工作台左右
移动单手柄 ——

前方停止按钮/异常停止按钮
（图中未显示，在把手的右边）

工作台左右移动操纵杆 ——
座板前后移动操纵杆 ——
工作台左右移动操纵杆 ——

升降台 ——

移动速度刻度盘 ——

7

各种主轴头

　　一般铣床有各种各样的主轴头，适用于各种加工领域，使用时根据具体操作选择合适的主轴头能够简化操作。

▲不论是立式铣床还是卧式铣床，都有可上下或左右移动的主轴，还有不可移动的主轴。如图所示为可上下移动的主轴。

▲主轴头在前后移动的同时，还可作360°旋转。

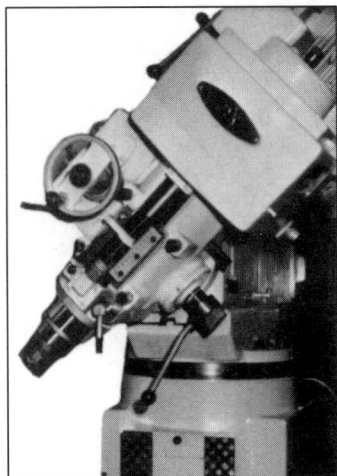

▲滑枕式铣床的主轴头倾斜45°，它以前后移动为特点。也有可以与立柱同时倾斜和转动的铣床。

▲在卧式铣床的主轴上安装配件后可以作为立式铣床使用。

▲在卧式铣床的主轴上安装配件后可以进行立式铣削。

旧式铣床

惠特尼平面铣床是为批量生产步枪而研发的。美国的埃利·惠特尼于1818年利用这种铣床为处于战乱中的美国制造了大量的枪支。

其后，经过多次改良和不断发明，终于制造出现在常用的铣床，而且生产出了即使无人操作也可以进行加工的 NC 铣床和配备有自动换刀装置的加工中心。

▶惠特尼平面铣床

▲乔治·林肯公司的铣床

▲布朗·夏普万能铣床

升降台式铣床与无升降台式铣床

▲升降台式铣床

铣床根据主轴头的形状可分为立式和卧式，根据工作台的支持类型又分为升降台式和无升降台式。升降台式铣床通过升降台的上下移动改变工作台和主轴的距离；无升降台式铣床不移动工作台，而是直接通过主轴的升降运动改变距离。因此常用的升降台式铣床和无升降台式铣床都有立式和卧式之分。无升降台式铣床因刚性大而用于重切削加工。生产中使用的铣床一般都是升降台式铣床。

▲无升降台式铣床

9

各种铣床

铣床因其构造和用途的不同而有很多名称。日本工业标准（JIS）中规定的铣床类型有：卧式铣床、立式铣床、万能铣床、台式铣床、仿形铣床、龙门铣床、万能工具铣床、螺纹铣床、花键铣床、凸轮铣床等。

专用铣床

无升降台式铣床的床身和床鞍同时固定在床柱底座，它是用于进行批量生产的铣床。其构造在一定程度上被简化，自动化程度更高。

仿形铣床

仿照模板和模型进行铣削的铣床，可以高效率加工形状复杂的零件，适合于批量生产。

立卧两用铣床

如图所示为滑枕式立卧两用型铣床。

旋转式铣床

将普通铣床的底座换成旋转式底座就成为旋转式铣床，主要用于平面和圆周槽的铣削加工。

镗铣床

主要使用镗刀进行镗削加工的机床。刀具与主轴同时转动，将工件送向刀具，多用于铣削加工中的面铣。

专用铣床（船用螺旋桨翼面加工机械）

如图所示为用于铣削船用螺旋桨翼面的专用铣床。左右铣刀通过上下、左右、前后移动，对复杂的曲面进行简单的铣削。

加工中心

可以加工各种形状的工件，为此配有铣刀、螺旋钻、车刀等多种刀具。

按照加工顺序自动更换刀具，根据切削加工次数进行自动控制，不需要人为操作。

龙门铣床

又称端面铣床，使用铣刀进行切削，是可以进行大型部件简单端面的铣削、侧面的铣削以及铣槽的大型铣床。

11

各种立式铣刀

日本工业标准（JIS）中把铣床用的刀具统一称为铣刀。

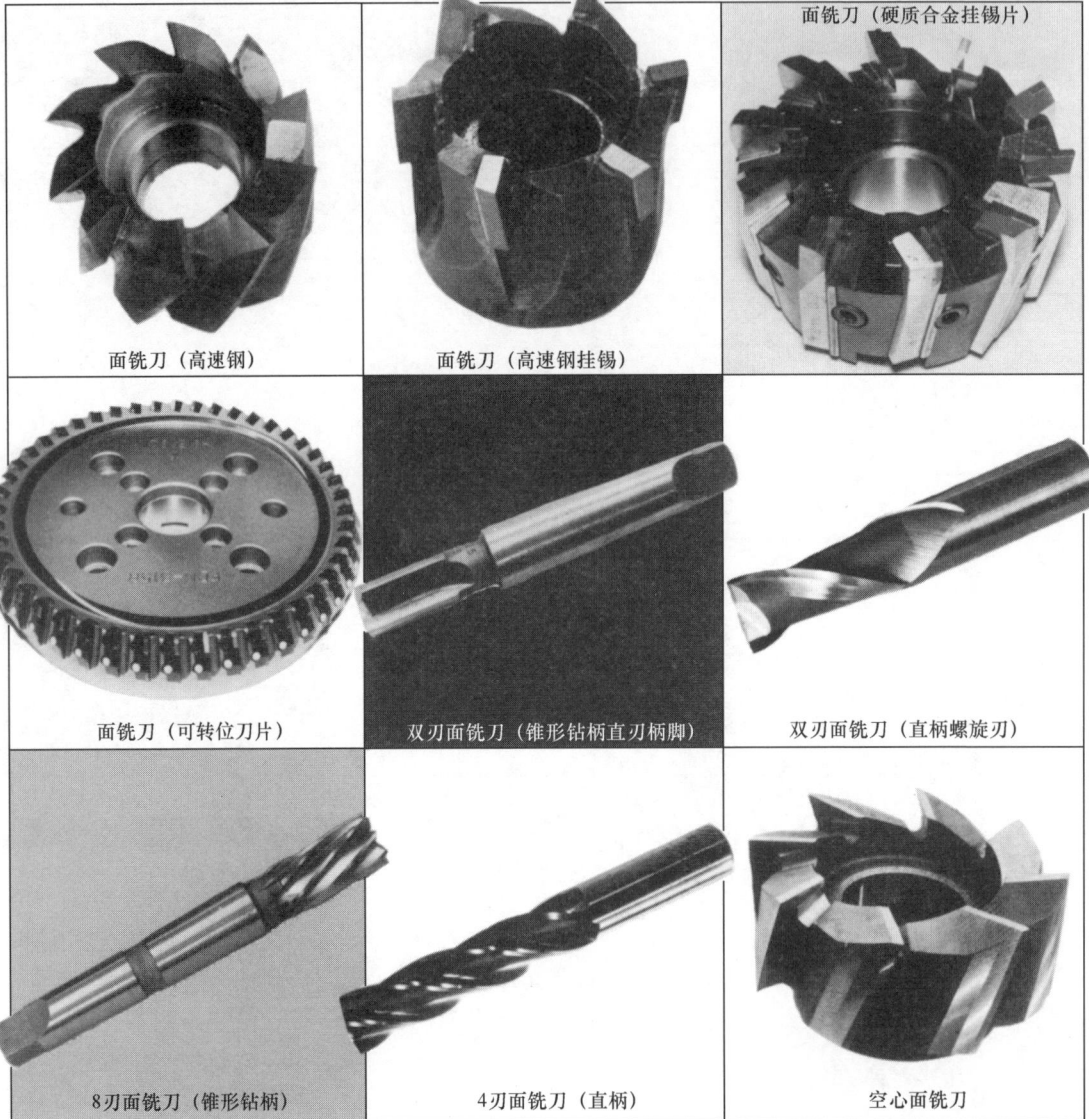

面铣刀（高速钢）

面铣刀（高速钢挂锡）

面铣刀（硬质合金挂锡片）

面铣刀（可转位刀片）

双刃面铣刀（锥形钻柄直刃柄脚）

双刃面铣刀（直柄螺旋刃）

8刃面铣刀（锥形钻柄）

4刃面铣刀（直柄）

空心面铣刀

立式铣床所使用的铣刀如图所示。

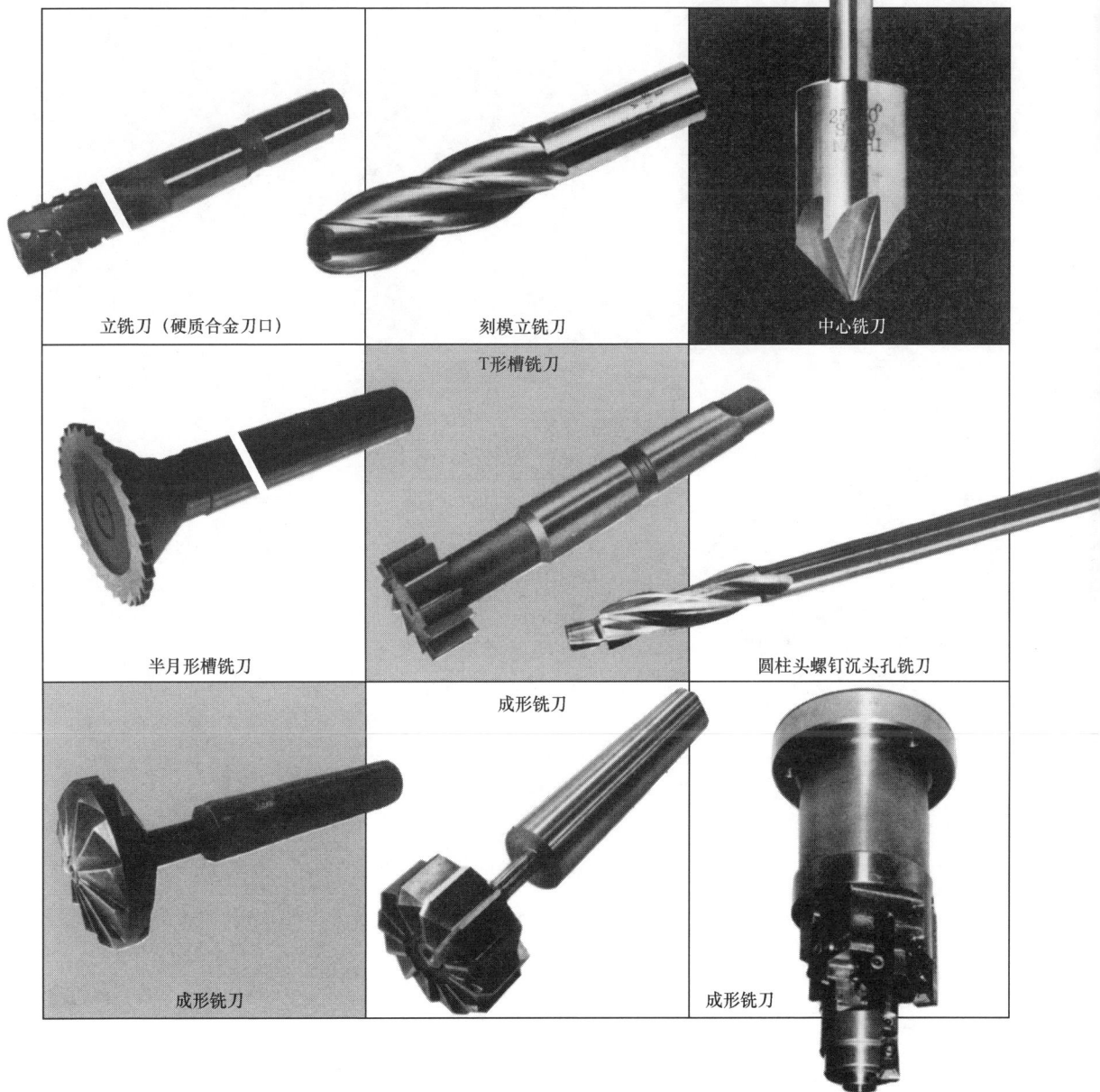

立铣刀（硬质合金刀口）

刻模立铣刀

中心铣刀

T形槽铣刀

半月形槽铣刀

圆柱头螺钉沉头孔铣刀

成形铣刀

成形铣刀

成形铣刀

各种卧式铣刀

卧式铣床所使用的铣刀如图所示。因为要套在转轴上使用，所以铣刀中心都有轴孔。

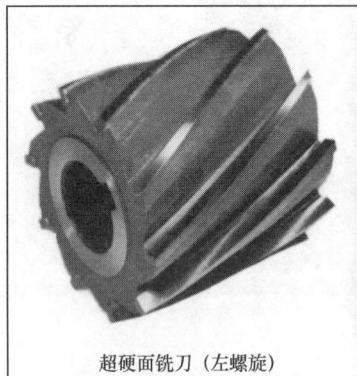
超硬面铣刀（左螺旋）

面铣刀（直刃）

面铣刀（锯齿刃）

锯片铣刀

冷锯片铣刀

等角铣刀

不等角铣刀

片角铣刀

单面开口刀

尽管将铣刀分为立式与卧式，但是很多时候都会将立式铣刀用于卧式铣床，或是将卧式铣刀用于立式铣床。

例如，可以将卧式锯片铣刀用在立式铣床上等。

外圆铣刀

内圆铣刀

铣槽刀

单面开口刀

燕尾形槽铣刀

双面开口刀

成形铣刀

成形铣刀

成形铣刀

安装刀具的器材

在机床上安装铣刀时,根据机床和刀具的不同需要可使用各种不同的安装器材。在安装圆柱形铣刀或侧面刃铣刀等卧式铣刀时,可使用刀杆。这种刀杆有多种规格,根据铣床大小可以选择 NT30 号锥或 40 号锥。另外,刀杆的轴径也有多种规格。

1 安装卧式铣刀用的刀杆。

2 安装在立式铣床主轴孔内的部件,称为快换接头。

3 安装在快换接头内。

4 呈螺纹式,与立铣刀螺纹相反的方向是旋紧方向。插入快换接头里面,安装于主轴孔内。

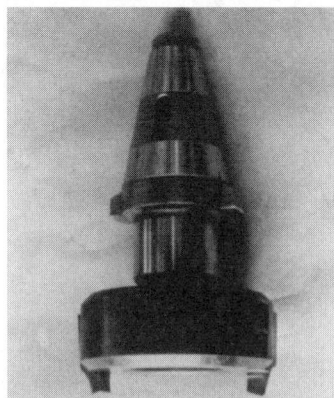

5 螺旋铣刀,和快换接头配套使用。

轴径越大，抵抗弯曲和扭转的能力就越大。铣刀越大，使用的刀杆轴径也就越大。在日本工业标准（JIS）中，刀杆轴径以 mm 为单位，其轴径为 16~50mm。

在车间，轴径多以 in 为单位。如 1in（25.4mm）、1.25in、1.75in 等。将以 mm 计量的铣刀安装在以 in 计量的刀杆上时，要使用轴衬（参照本书 32~35 页）。

另外，在立式铣床上安装铣刀时，也要使用刀杆。与卧式铣床相比其种类和样式都较多。

6 左侧为微钻孔固定器，用于钻孔时。将右图所示的车刀装入三个孔后使用。使用快换接头，然后将其安装到铣床上。

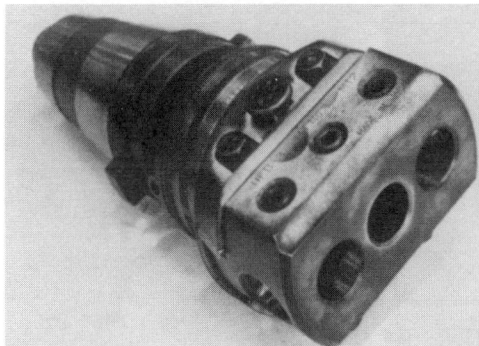

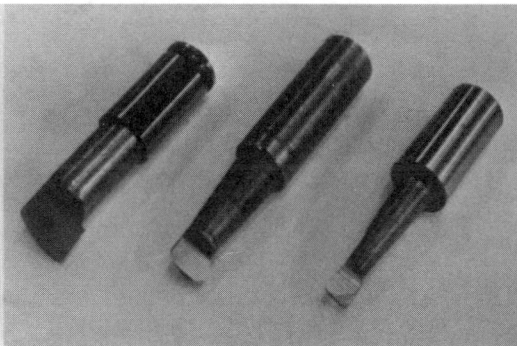

7 锥形和直径不相配时使用。

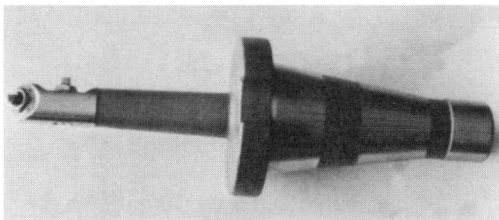

8 一种刀柄，可直接装进主轴孔内配套使用。

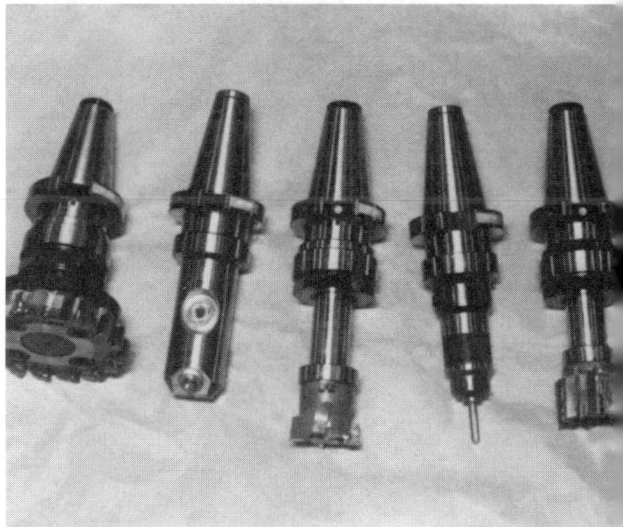

9 快换接头上安装的各种刀具。

各种测量工具

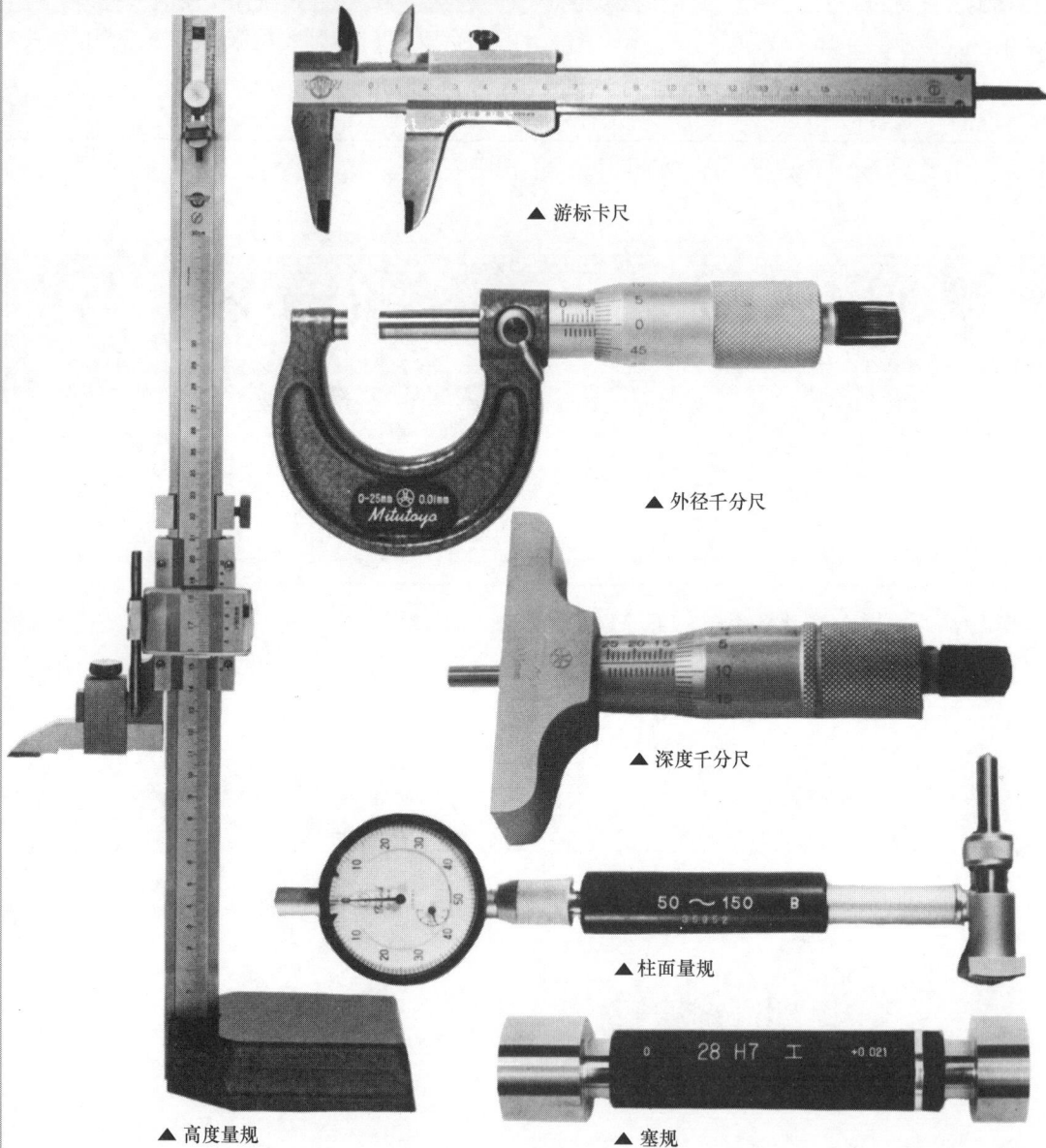

▲ 游标卡尺

▲ 外径千分尺

▲ 深度千分尺

▲ 柱面量规

▲ 高度量规

▲ 塞规

◀ 杠杆式刻度盘指示表

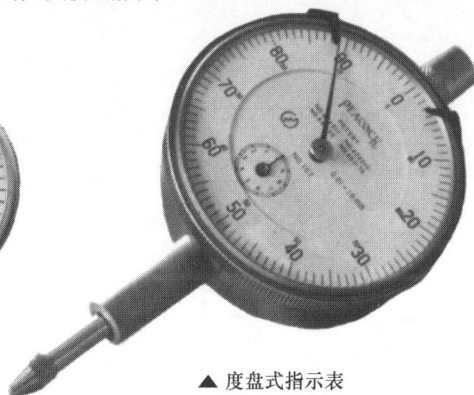
▲ 度盘式指示表

▲ V形块

▶ 三角尺（45°角
规格）

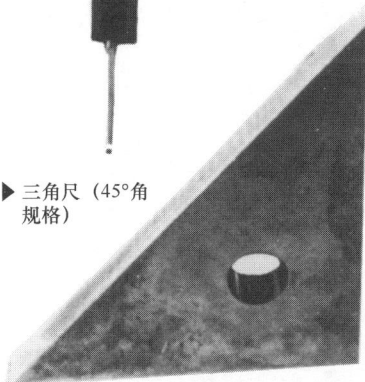

▲ 斜面量角器
▼ 量块

▲ 划针（平面规）和刻度尺（附支架）

▲ 直角尺

铣床的规格

通用铣床有很多大小不同的型号。铣床的规格越大，可以加工的零件尺寸就越大。但铣床的性能是由工作台的操作面积，工作台的移动距离，主轴转速及变速，进给速度，机械的刚度和其他很多因素来决定的。铣床的规格，通常用1号、3号等号码来表示。但是，这样的表示方法尚未完全统一。这种方法一般将铣床分为0~5号。厂家不同，铣床的机械动力、工作台操作面积等也未必相同。

不同型号的铣床与工作台移动距离X、Y、Z的关系见表。这是通用铣床的数据，其他专用铣床一般可用作业面积表示型号。

一般铣床的型号如上所述，但在日本工业标准（JIS）中，除用工作台大小、工作台移动量（左右×前后×上下）表示铣床外，通用的卧式铣床和万能铣床还常用主轴中心线与工作台的最大距离来表示；立式铣床是以主轴端到工作台的最大距离及主轴头的移动距离表示型号的；龙门铣床的型号是以工作台的大小和主轴端到工作台的最大距离来表示的⊖。

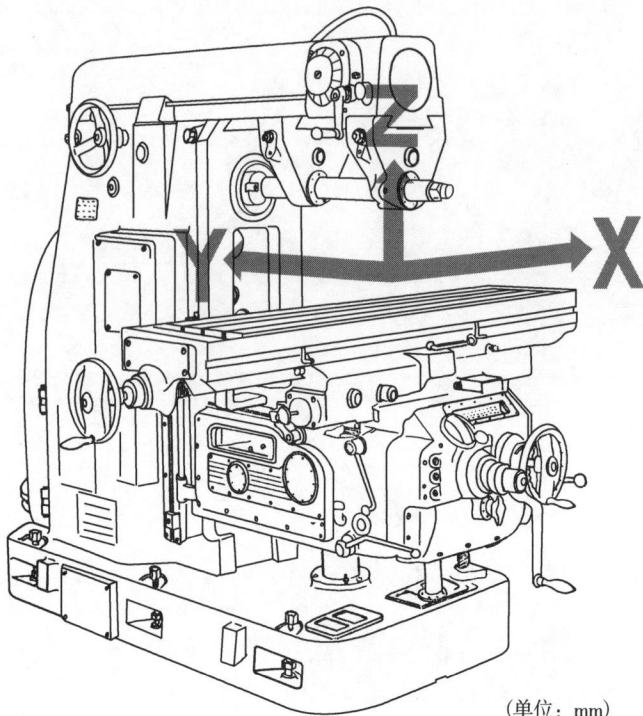

(单位：mm)

型 号	工作台移动距离								
	左右方向（X）			前后方向（Y）			上下方向（Z）		
	卧式铣床	万能铣床	立式铣床	卧式铣床	万能铣床	立式铣床	卧式铣床	万能铣床	立式铣床
0	450	450	450	150	150	150	300	300	300
1	550	550	550	200	175	200	400	400	300
2	700	700	700	250	255	250	400	400	300
3	850	850	850	300	275	300	450	450	350
4	1050	1050	1050	325	300	350	450	450	400
5	1250	1250	1250	350	325	400	500	500	450

⊖ 我国铣床的型号和规格可参阅 GB/T 15375—2008《金属切削机床　型号编制方法》。

准备

　　听到"预备、开始"，马上就会使人想起运动会。站在起跑线上随时准备起跑并调整呼吸的时候就是"预备"。当然，如果调整得不好，就没有预想中跑得快，或者中途就会疲惫不堪。准备就是这个"预备"的意思。准备充分是理所当然的，但是如果稍有欠缺，就会事倍功半。首先让我们一起回顾一下准备的程序吧。

机用平口钳 —— 及其安装

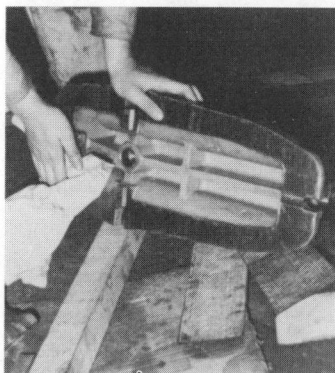

▲① 首先将机用平口钳底部清理干净。清理时注意要把机用平口钳放在比安装面柔软的物体上，确保安装面不会受到损伤。

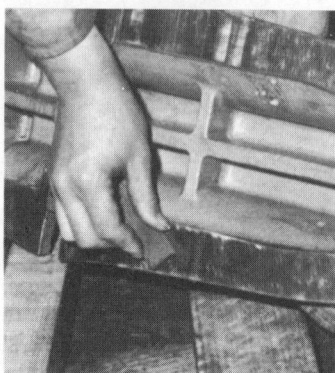

▲② 如果安装面有划痕，用磨石打光，最后用手确认划痕是否被磨平。

▲③ 将机用平口钳小心放在工作台上，将 T 形槽与销子合上，用螺栓固定好。

▶④ 销子的尺寸一般根据 T 形槽确定，确保机用平口钳的平行度和直角度，为了安全起见建议再检查一下。有销子的机用平口钳如右图所示。你使用的机用平口钳有销子吗？

把机用平口钳的钳口垫片擦拭干净，将工作台左右移动，用指示表把台面调整至平行。此时将钳口垫片充分展开，使指示表与钳口垫片尽量成直角。然后，在竖直方向调整钳口垫片。调整时一边观察指示表的刻度，一边用木槌轻轻敲打钳口垫片。最后进行底面检查，使指示表与底面垂直。

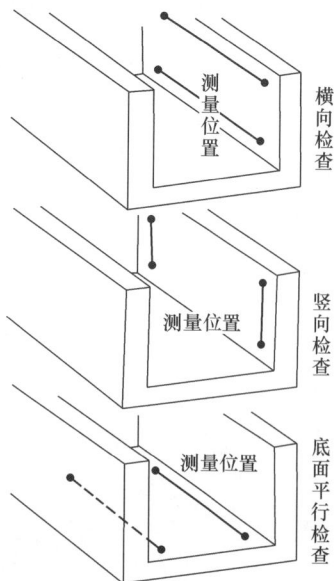

测量位置　横向检查

测量位置　竖向检查

测量位置　底面平行检查

地基倾斜，房梁和房柱也会跟着倾斜。机用平口钳与工件的关系也是如此。所以机用平口钳的位置及精度决定工件的位置和精度，安装时一定要注意。

机用平口钳在保证工件的质量上起着非常重要的作用。

▲⑤ 检查结束后，用紧固螺栓将工作台左右对称固定住。这样机用平口钳的准备工作就完成了。尽量使固定钳口垫片处于工件运动方向的直角方向。

▲⑦ 如图所示是卧式铣床中机用平口钳与立柱成直角时的情况。

▲⑥ 将机用平口钳安置在台面总长的 1/3 处，这样不但便于操作手柄，而且即使台面运动一段距离，也能保证机用平口钳在座板的上面。

▲⑧ 如果机用平口钳没有销子，如图所示可使用量规，可以简单地调节钳口垫片的平行度或垂直度。此时也要用刻度盘指示表进行确认。

机用平口钳 ══ 及安放工

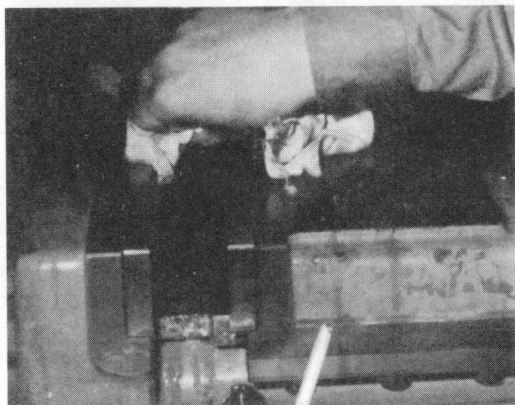

▲① 将钳口垫片展开至能够包裹住工件，并清理干净。

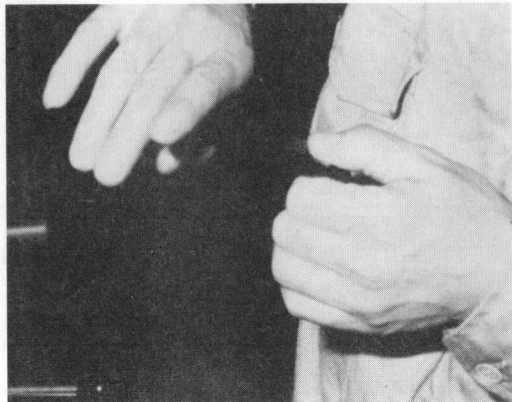

▲③ 然后将两块平行垫块擦拭干净。

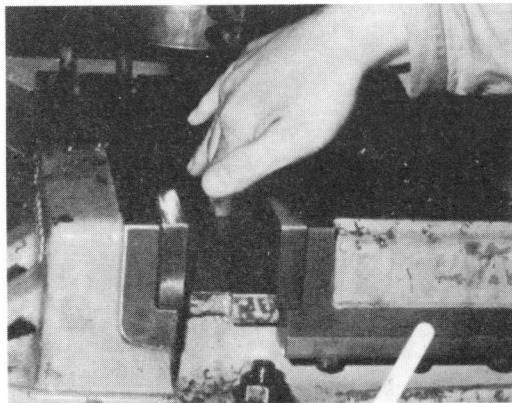

▲② 用手将碎屑清除干净，并确认是否有残留物。

▲④ 将平行垫块置于固定钳口垫片上，并平行移动。然后，使工件的基准面对准固定钳口垫片，用机用平口钳夹紧。使用平行垫块时最好用两块，这样可以夹得更好。

▲⑤ 左手按着平行垫块，右手用木槌轻轻敲打工件，使平行垫块与工件紧密结合。此时如果两个平行垫块都固定住了，就可以进行平行切削了。

▲⑥ 工件安装完毕。加工过程中如果需要测量，可将平行垫块置于适当的位置，使测量工具能够放进去进行测量。

◀⑦ 平行垫块也叫"平行垫铁"或"平垫"。备齐各种尺寸型号的平行垫块将使工作非常方便。与机用平口钳的精度一样，平行垫块的精度（尺寸精度、平行度）也是加工中的一项重要指标。为了保证精度，在保管和使用时一定要小心谨慎。

机用平口钳 ——————— 及安放工

1 对一个工件进行多次加工时，如图所示用卡子在多处固定住工件，既能调整尺寸，又能提高效率。

3 加工形状不规则的工件时，使其广口对准固定钳口垫片，移动钳口垫片时要使用这样的支撑物。

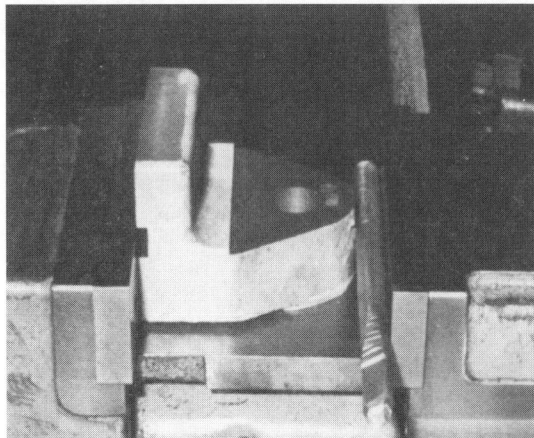

2 加工有不规则平面的工件时，使基准面朝向固定钳口垫片，移动钳口垫片侧垫上较软的圆棒后夹紧。然后使圆棒的中心对着螺栓的轴心前移，进行加工。

4 没有合适的平行垫块时，也可按照如图所示的方法进行操作。

件的方法

5 加工较长的工件时，可以同时使用几个机用平口钳固定工件，然后进行切削。此时，一定要把机用平口钳的钳口垫片调整到同一直线上。

7 如图所示是在用直角尺划垂直线。直角尺可以放在平行垫块上进行操作。

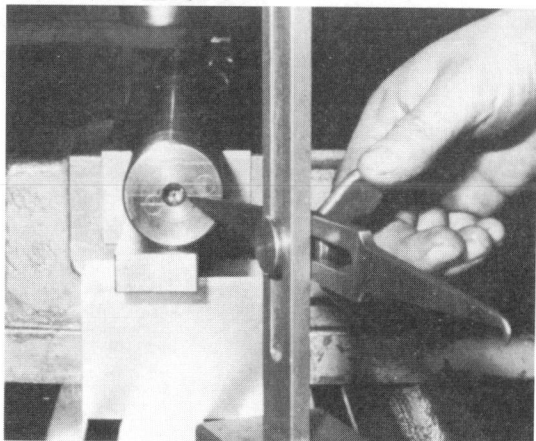

如图所示是在用平面规划水平线。

6

8 如图所示是在使用电磁吸盘进行工件切削。电磁吸盘只靠吸附工件平面就可以固定工件，适合于固定无法用机用平口钳夹住的薄壁件。

安装到工作台上的方法

将工件安装在工作台上，除了机用平口钳，还可以使用许多其他的工具。安装方法非常多，每种方法都根据工件的不同而不同。以下是一般原则及各种安装实例。

首先要注意尽量将螺栓固定在靠近工件的地方。

其次，固定工具的方向要与切削的方向一致，也就是说要沿着切削时移动的方向。当然，固定螺栓时一定要注意力度平衡。

下面是一些安装实例。固定不同的工件有许多不同的方法。请大家一边看图，一边比较自己的做法。

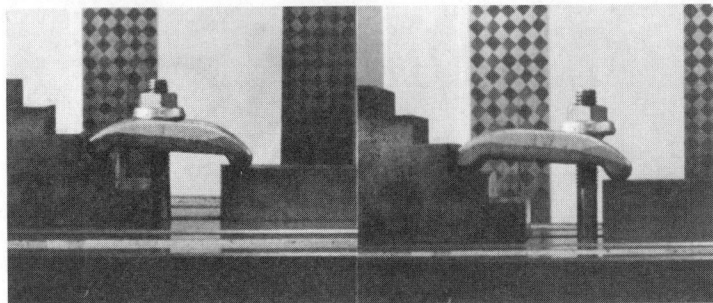

▲T形槽里的沉积物

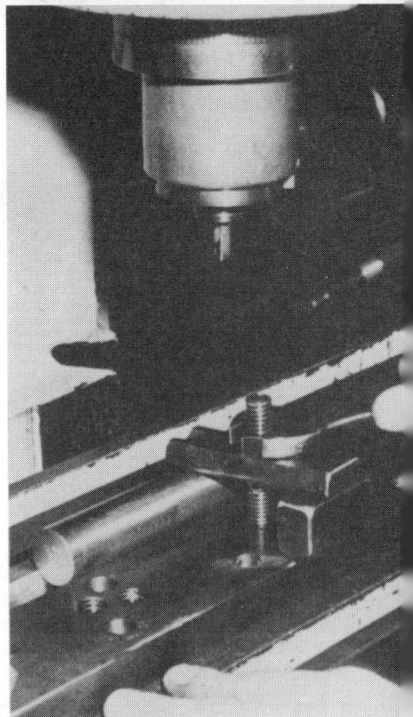

✗ 按上图所示方法安装工件就会活动

⭕ 螺栓要尽可能靠近工件

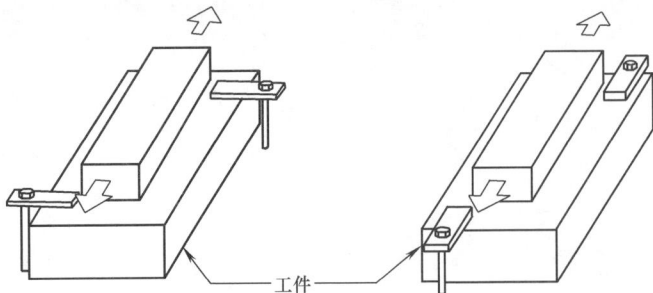

✗ 按上图所示方法安装工件会因切削力而移动

⭕ 一定要按切削时的移动方向固定

工件

▲圆棒的安装工具

28

▲对于薄的工件要从各个方向固定

▲制动器的安装也很重要

▲可加工至圆棒的前端

▲形状不同，使用的安装工具也不同

29

安装工具

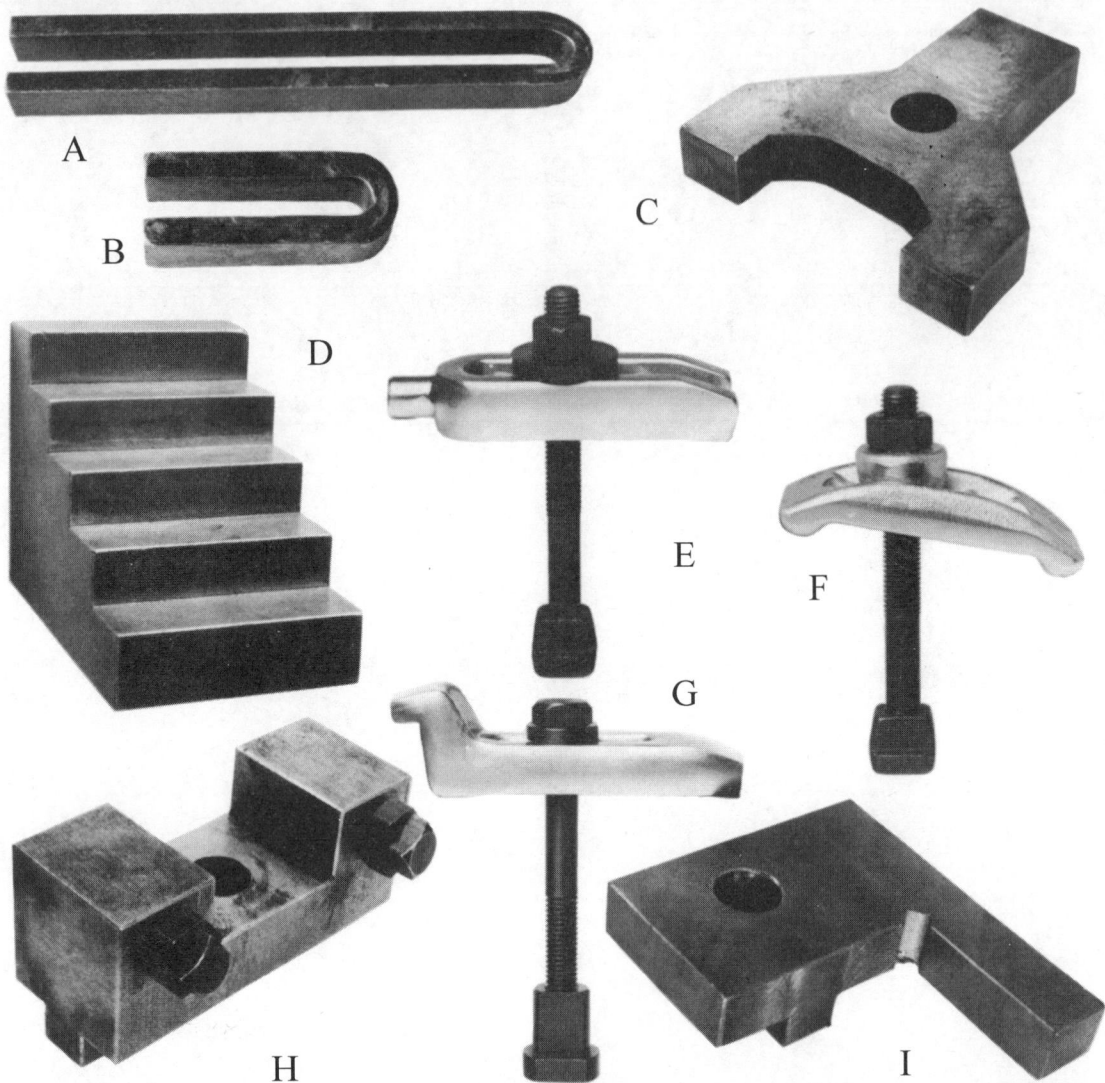

与工件配套的安装工具也有很多种。如图所示 A、B、C 是随处可见的安装工具；D 是一个有阶梯的台座，安装时有灵活便利的优点；E、F、G 是从上部固定的工具；H、I 是定位专用工具，而且带销子。安装实例可参照 29 页。

圆形工作台的安装

圆形工作台很重，安装时一定要小心谨慎，应做一步确认一步。

用螺栓固定圆形工作台的底板。这是承重底板，所以一定要安装牢固。然后用钢丝绳将工作台水平吊起，用起重机运到安装处。

将圆形工作台及安装表面清理干净，包括图中可以看到的销子。

将销子调整到适当高度后，再轻轻放下工作台。在工作台落下之前，用手把销子放到T形槽内适当的位置。

最后上紧 T 形槽的螺栓，这样圆形工作台就安装完毕了。

圆形工作台用于工件的角度加工及圆周切削。

如果没有起重机，搬运人员一定要先确认好顺序，再小心搬运。

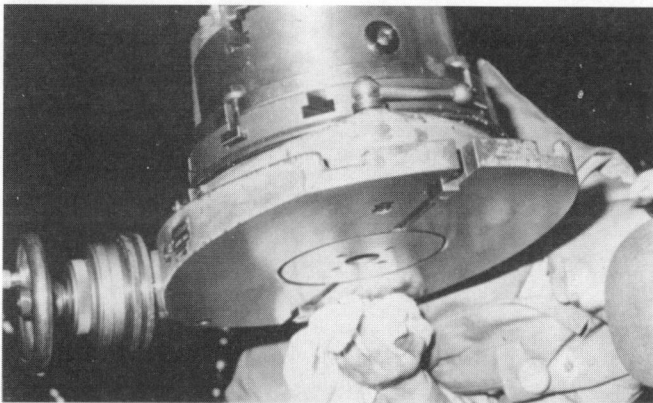

◀ 安装面的清理

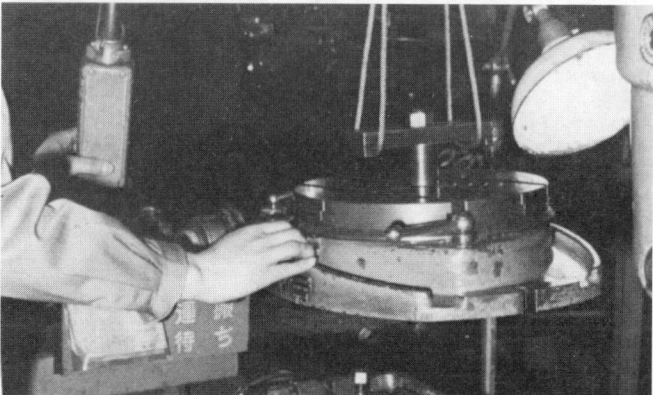

◀ 用起重机水平移动

◀ 用手把销子放到 T 形槽内适当的位置

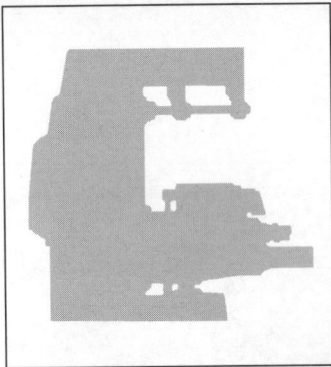

卧式铣床铣刀的安装

▲将主轴锥形孔和刀杆的锥部清理干净。这些地方如果有杂物，会损坏刀杆，造成振动，从而无法准确加工。

▲上紧螺栓，将刀杆牢牢固定在主轴上。

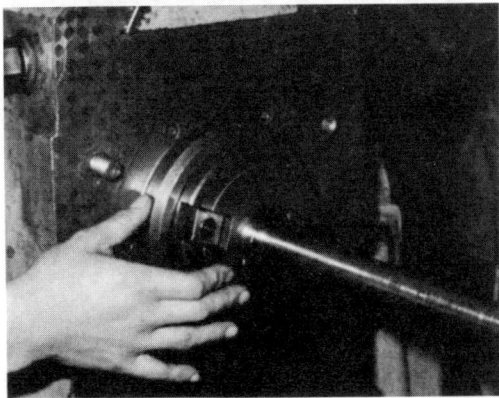

▲使刀杆凹处对准主轴上凸出的销子，然后插入。

▲适当地套上几个轴环，再安上支架。根据加工位置决定轴环的个数。

▲再次套入轴环。要按照铣刀、轴环、支架的顺序安装。

▲安装刀杆轴承时，先轻拧刀杆螺母，然后上紧支架螺母，再上紧刀杆螺母。

▲对于有销子槽的刀杆，对准铣刀与销子槽，使销子完全通过铣刀。

▲当刀杆细而铣刀孔大时，可使用衬套安装。

33

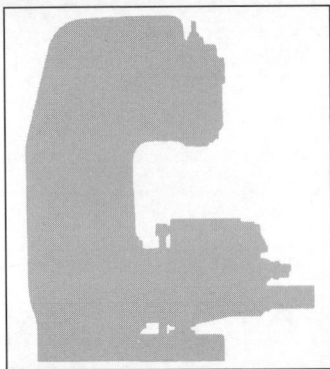

立式铣床铣刀的安装

▲用除尘器清理主轴锥形孔。

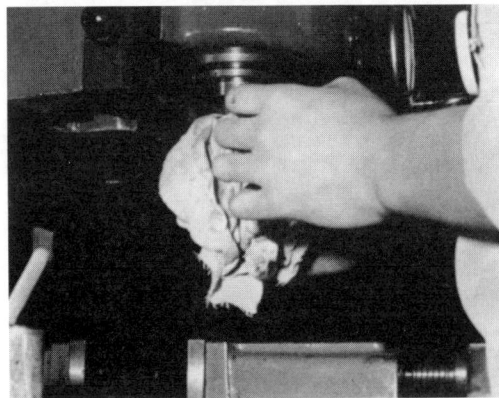

▲用抹布擦拭干净。

▲快换接头与销子对齐插入主轴锥形孔内，左手托住快换接头，右手把拉伸螺栓拧入快换接头。

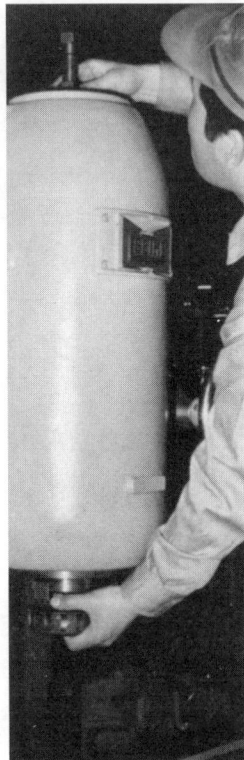

▲然后，一边拧螺母，一边把快换接头拉上去。注意要同时用左手托住快换接头。

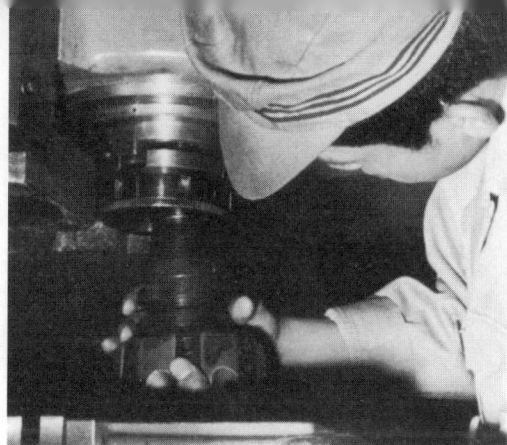

▲能够用手拿住的面铣刀，将其对准铣刀刀座将销子直接嵌入，然后垂直插入快换接头。

▲最后用扳手拧紧，将快换接头固定在主轴上。此时为防止弄脏机器，最好在脚下垫上垫子。

▲用左手固定住铣刀，右手拧快换接头。

▲为了增大刚度，把直径较大的面铣刀直接安装到主轴上。此时，在工作台上放一个座，上下调整升降台并将其安装到主轴上。

▲用扳手固定好接合器就可以了。

较小铣刀的安装

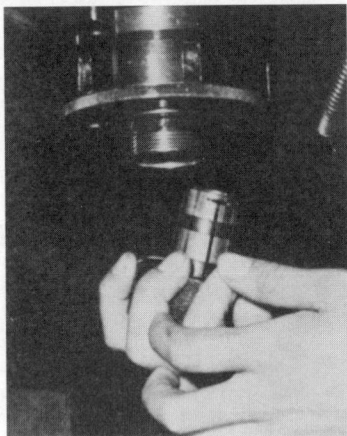

1 换掉弹性夹头卡盘的附件

较小铣刀无法直接安装在快换接头上，应该按照下面的方法进行安装。

1）使用有套筒的卡盘。根据直径大小可以更换部分有套筒的附件，装入铣刀

2 装入铣刀

（这里指立铣刀），最后用扳手拧紧就可以了。

2）根据铣刀的大小选择相应的套筒。图4所示最左边的套筒是和中间有孔的卧式铣刀配套的，最右边的套筒是和面

3 用扳手拧紧

铣刀配套的。图5所示立铣刀的大小不同，孔径也不同。最左边的套筒只有一个锁紧螺钉，且直径较小。中间的套筒较大，有两个锁紧螺钉。最右边的是莫氏锥柄立铣刀及其套筒。

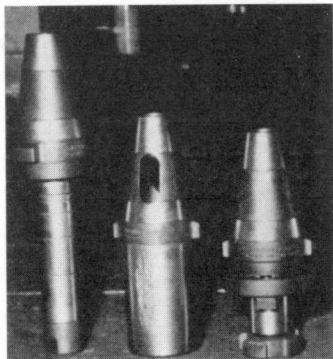

4 选择适合铣刀的弹性夹头

5 铣刀的大小不同，孔径也不同

理论

　　铣床操作是通过铣刀的转动，来切削台面上前后、左右、上下移动的工件。比起车床操作，铣床操作可加工的工件形状要多得多，并且也复杂得多。正因为如此，铣床操作被称为考验大脑和技能的一项操作。要想熟练掌握铣床操作，如果基础不牢固的话，操作起来会很困难。操作是多种多样的，不管是什么形状的工件及何种材料，都应该掌握其加工方法。

铣削速度和转速

铣削是把上下、左右移动的工件通过旋转的铣刀进行加工的操作。因此，铣削速度与工件的体积成反比。铣刀的铣削速度是单位时间铣刀的移动距离。一般情况下，铣削速度的单位是 m/min。

假设，现在有一个 $\phi200mm$ 的面铣刀。铣刀转动一周的周长就是切削刃移动的距离，即进给量为 200mm×3.14（π）=628mm。如果铣刀每分钟转 100 圈，切削刃每分钟移动的距离就是 =200mm×3.14 ×100 =62800mm = 62.8m，那么，铣削速度就是 62.8m/min。

用公式来表达就是

$$v=\pi Dn$$

式中　v——铣削速度；

　　π——圆周率，取 3.14；

　　D——铣刀直径；

　　n——1min 内刀具的转速。

使用时经常用 m 作单位，也就是

$$v=\frac{\pi Dn}{1000} \quad\cdots\cdots\cdots\cdots \text{①}$$

在铣削中，是通过改变主轴转速来改变

铣削速度的。

铣床内有主轴变速装置，利用此装置可改变单位时间内主轴所转的圈数（主轴转速）。各个工厂根据工件以及铣刀的材料等因素规定了铣削速度。铣削速度和主轴转速是对应的（根据公式①可得）。铣刀的直径是可变的，即使是面铣刀也有很多种不同的直径。锯片铣刀和立铣刀的直径就是不一样的。因此，不能用直径来计算铣削速度，而要用转速来计算铣削速度。车床也和铣床一样，根据转速来确定切削速度。

由铣削速度来确定转速的时候，可将公式①转换成公式②，即

$$n = \frac{1000v}{\pi D} \quad \cdots\cdots\cdots\cdots ②$$

假设现在用 $\phi200\text{mm}$ 的铣刀，铣削速度是 60m/min，那么

$$n = \frac{v \times 1000}{\pi \times D}$$

$$= \frac{60\text{m/min} \times 1000}{3.14 \times 200\text{mm}} = \frac{60000}{628} \text{r/min} = 95.5\text{r/min}$$

但是，铣床转速并不是可以连续变换的。如图所示，只有 25、33、43、56、76、100、130 等一些固定的数值，如果是 95.5，就只能选择 100 了。因此为了简便，把 π 定为 3 也不会有大的变化，所以可得公式③，即

$$n = \frac{1000v}{3D} \quad \cdots\cdots\cdots\cdots ③$$

这样一来就更简便了。

那么，如何根据工件、铣刀的不同来选择合适的铣削速度呢？根据铣刀、工件的不同，已经规定了标准的铣削速度（见142页）。

可根据以下情况来调整铣削速度：

需提高铣削速度的情况

① 制作高精度的加工表面，即精加工、精密加工。
② 工件硬度较低。
③ 轻微铣削。
④ 加工不能用力卡紧的工件时。
⑤ 工件移动距离不能太大。

需降低铣削速度的情况

① 工件硬度较高。
② 需要延长切削刃的使用寿命。
③ 加工容易磨损的工件。
④ 加工夹砂的铸件。
⑤ 工件材料含镍量、含锰量较高。
⑥ 加工侧面磨损比较快的工件。
⑦ 刀具溅出火花。

逆铣和顺铣

▷▷▷▷▷▷▷▷▷▷▷▷▷▷▷▷▷▷▷▷▷ ◁◁◁◁◁◁◁◁◁◁◁◁◁◁◁◁◁◁◁◁◁

铣削加工是利用铣刀的转动来铣削移动工件的过程。

这时，切削刃会划出一道余摆线。根据铣刀的旋转方向以及工件的移动方向，可分为逆铣和顺铣。

逆铣是指铣刀的旋转方向与工件的移动方向相反的铣削方式，顺铣则是指铣刀的旋转方向与工件的移动方向相同的铣削方式。

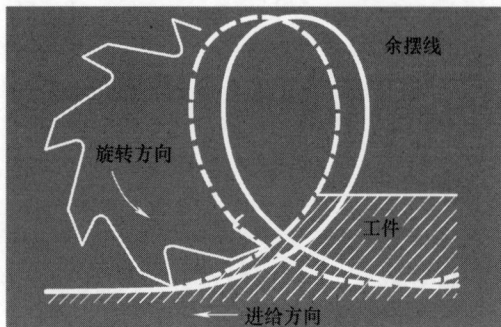

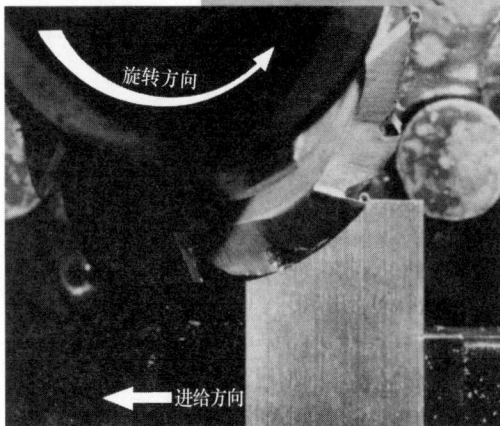

▲用圆柱形铣刀进行逆铣。切削刃的背吃刀量逐渐增大。

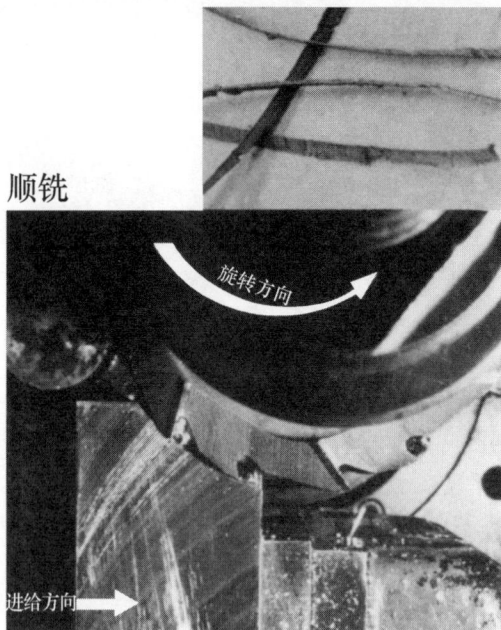

▲用圆柱形铣刀进行顺铣。和逆铣相反，切削刃刚切入时吃刀量最大，之后逐渐减小。

逆铣和顺铣的比较

比较对象	逆铣	顺铣
进刀螺杆的间隙	即使有也没有大的影响	必须完全去除
设备安装方式的刚性	刚性低也可以	由于切入时冲击很大，刚性必须大
工件的安装	向上的作用力会使工件向上移动，因此会产生一定的影响	向下的作用力会使工件贴得更紧，但是如果固定不好，工件有可能会被弹出
切削刃的使用寿命	切入时产生的摩擦热引起的侧面磨损会缩短切削刃的使用寿命	与逆铣比，寿命会长一些
积屑瘤的影响	比较小	积屑瘤可能会给加工表面带来影响
铣削力	切入时摩擦力很大，向上顶心轴的力量也很大	切入时摩擦力比较小，但向下有很大的冲击力在作用
加工表面	看起来有光泽。加工表面不如顺铣时质量高	表面粗糙无光泽，如果缓慢传送就不会有转动的痕迹，表面光滑。理论上不如逆铣好，但由于对刀杆的推力较小，效果反而比逆铣好。如果材料硬度低，由于刀瘤的影响，加工表面的质量会变差
铣削条件		与逆铣相比，顺铣可以提高铣削速度和传送速度，可以进行强力铣削
铣削深度的适用范围		缓慢转动时，如果铣得过深，由于前角的影响可能损坏铣刀，不适合质软、黏性材料。与逆铣相比，材料硬度越大，加工效果越好。金属氧化物会损坏切削刃，所以不适合进行缓慢过深的铣削操作

面铣刀的情形

▲用面铣刀进行铣削时，虽说是正面铣，但实际上是逆铣和顺铣的组合。同样，用立铣刀进行铣削也是同样的组合方式。

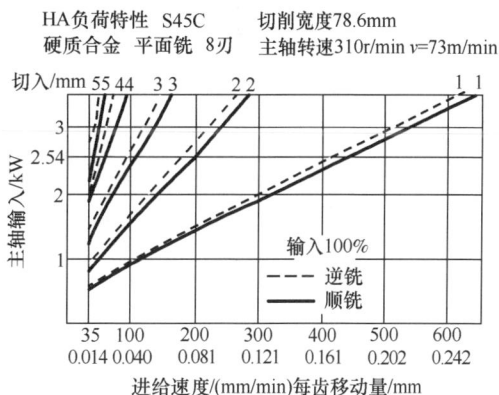

▲逆铣和顺铣，各有其特点及优点。但是顺铣时在相同动力下能够进行更多的铣削操作。

切削刃的名称

铣刀的切削刃有很多角度。操作者一般不能轻易重磨切削刃角度。

面铣刀

侧前角

背后角

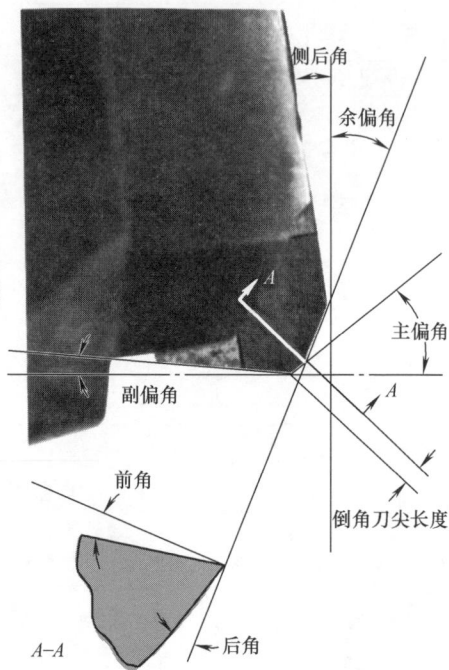

侧后角

余偏角

主偏角

副偏角

倒角刀尖长度

前角

后角

A-A

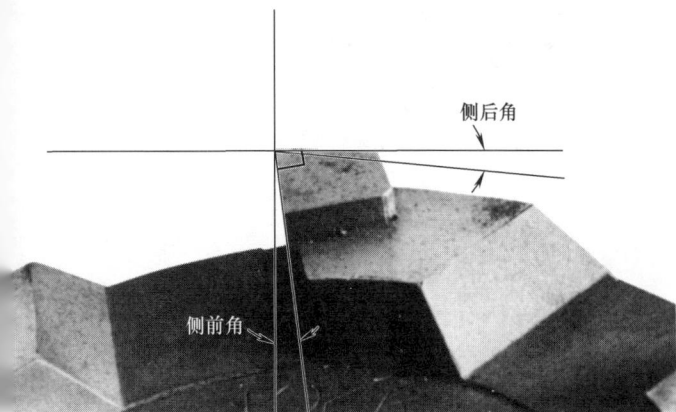

侧后角

侧前角

切削刃角度大部分是由铣刀生产厂家和工厂来决定的。

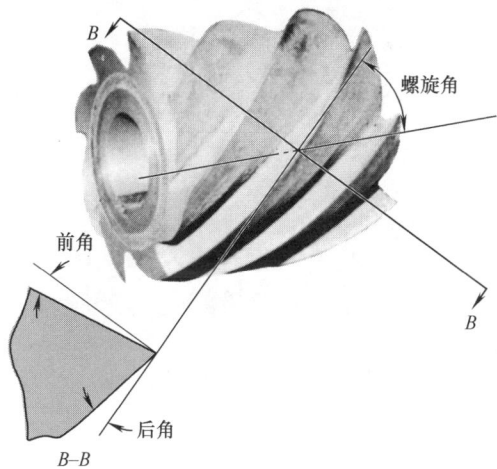

铣刀的切削刃角度有很多种，在这里只介绍一些常用的角度。

圆柱形铣刀

螺旋角

前角

后角

B–B

侧前角

侧后角

侧面刃铣刀·盘形槽铣刀

背后角

面铣刀切削刃角度的作用

铣削加工中，在切削刃切入工件时，水平面与切削刃平面的夹角叫做前角。即使仔细观察铣刀也看不见这个前角，但它在铣削加工中起着很重要的作用。

面铣刀中，前角分为背前角和侧前角。

两种前角分别有正、负、零三种情形。因此，组合起来共有9种情形。

不同的组合会影响刀具的寿命，也有可能使切削刃崩断。

如果背前角和侧前角都是正的，如图1a所示，由于切削刃的前端最先切入工件，所以崩刀的可能性较大。

如果两种前角都是负的，如图1b所示，当切削刃强度较大，特别是在铣削硬质合金时，冲击力就比较大。对于较脆的刀具来说，如何控制前角就显得非常重要了。

工件如果像铝合金那样抗拉强度比较低，可加工性较好，如图1a所示的组合方法就不会有太大的问题。如果工件材料较硬，采用图1b所示的组合方法就会崩刃。

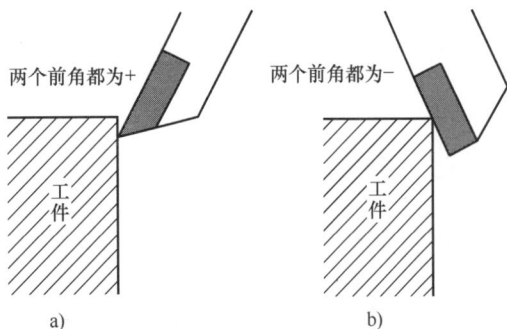

尽管如此，如果两个前角的负角度都很大，铣削阻力就会很大。为防止这一情况的

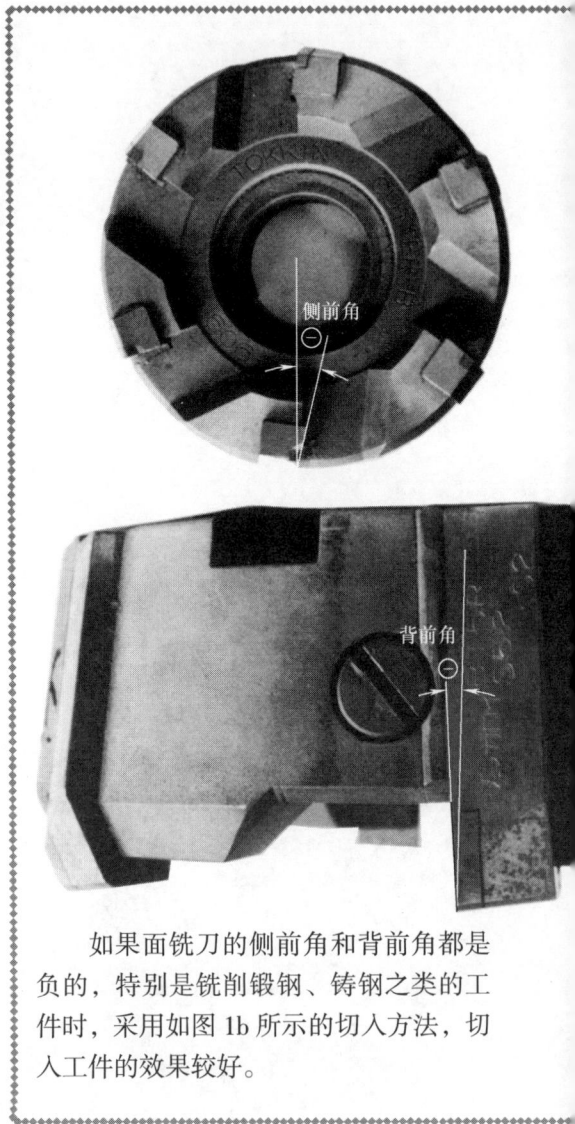

如果面铣刀的侧前角和背前角都是负的，特别是铣削锻钢、铸钢之类的工件时，采用如图1b所示的切入方法，切入工件的效果较好。

图1 前角的组合方法

两个前角都为+

两个前角都为—

工件

工件

a)

b)

发生，把背前角设为+15°，侧前角设为 2 段。这样一来，如图 2 所示，铣削阻力就会减小，同时切削刃强度也会增大。

由于切削刃有一个余偏角，所以沿切削刃垂直方向的前角会影响锋利度。

这个角度是由背前角、侧前角和余偏角来确定的，可参照 46 页的表格。

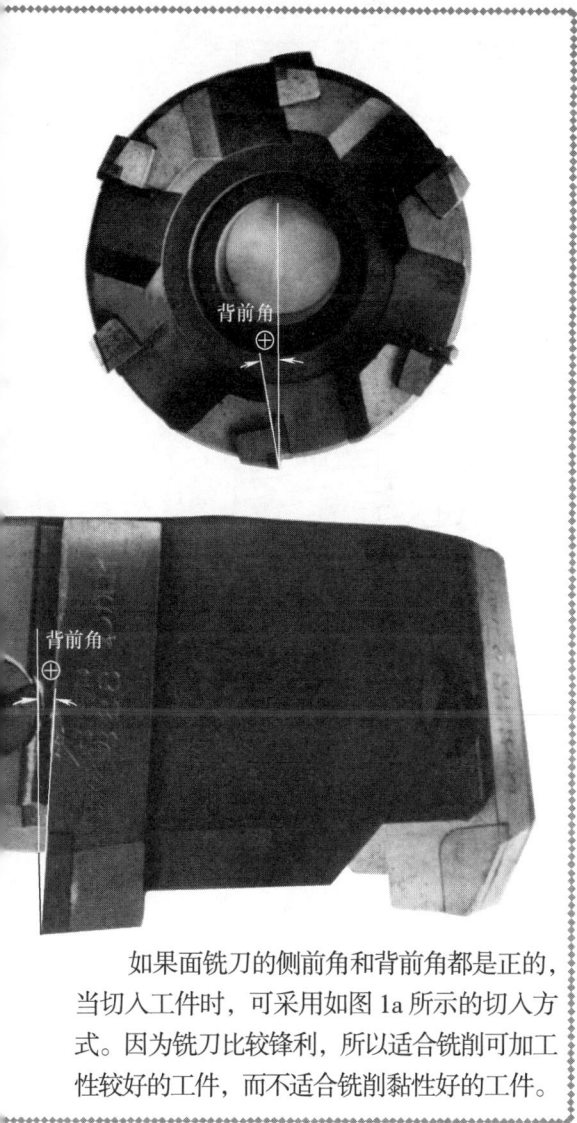

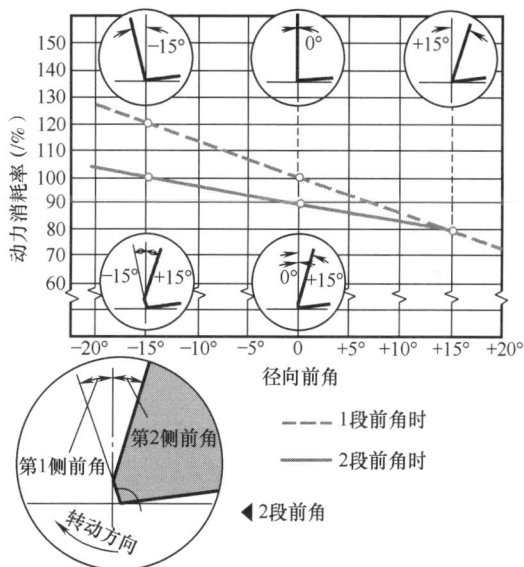

如果面铣刀的侧前角和背前角都是正的，当切入工件时，可采用如图 1a 所示的切入方式。因为铣刀比较锋利，所以适合铣削可加工性较好的工件，而不适合铣削黏性好的工件。

图 2　2 段前角和动力消耗

工件和切削刃角度

操作铣床时，一般操作者不会自己去调整切削刃。如果铣刀的切削刃角度正确，铣削效率也会提高，同时会延长刀具使用寿命，提高加工表面的质量。

表 1　铣刀的前角（γ）和刃倾角（λ）的计算 ⊖

γ_a ... γ_r

根据γ算出C

根据λ算出C

$\lambda=20°$

$\lambda=-20°$

算出λ时的背前角（γ_a）

侧前角（γ_r）

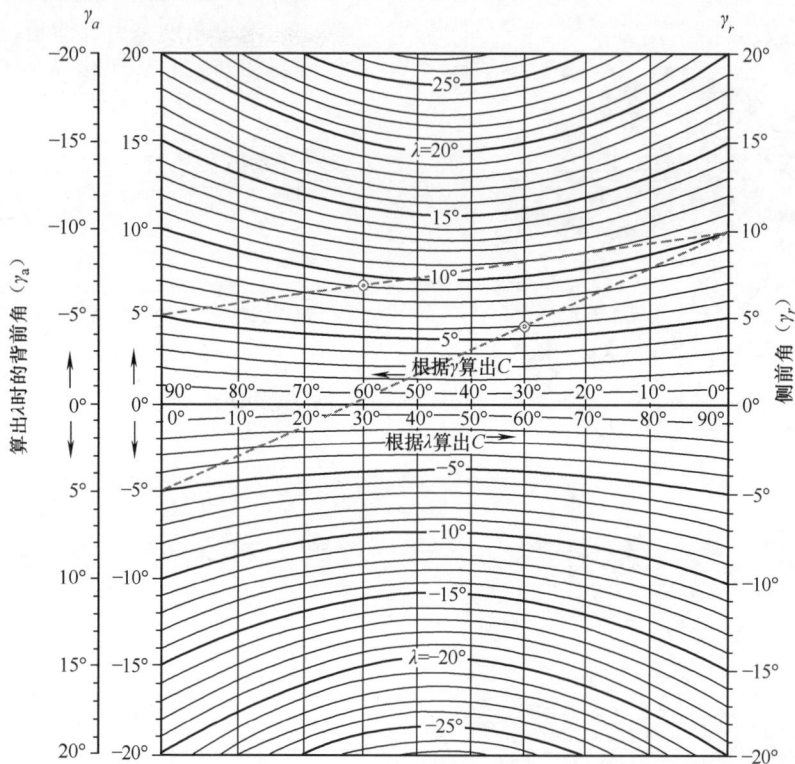

已知余偏角（C）、侧前角（γ_r）和背前角 γ_a，求前角（γ）和刃倾角。

计算公式如下：

$\tan\gamma=\tan\gamma_r\sin\chi+\tan\gamma_a\cos\chi$

$\tan\lambda=\tan\gamma_r\cos\gamma_a-\tan\gamma_a\sin\chi$

实例　余偏角C=30°，背前角$\gamma_a=-5°$，侧前角$\gamma_r=+10°$，此时，前角$\gamma=+6°10'$，$\lambda=+9°10'$。

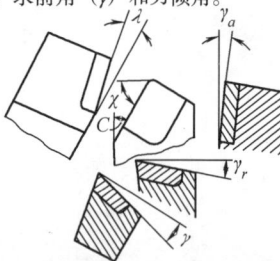

⊖　在 GB/T 12204—1990 中，前角为 γ_0，刃倾角为 λ_s，余偏角为 ψ，侧前角为 γ_f，背前角为 γ_{Po}。

46

影响锋利度的主要因素是前角，它会给铣刀切削刃一个作用力，如前所述，这个角度是由背前角、侧前角和余偏角来决定的。

计算铣刀的前角是比较麻烦的，可参考表1中的数据。工件不同，各种切削刃角度也不同，表2列出了一个对应基准。

表2 硬质合金铣刀所加工的工件与切削刃角度的对应

工件	抗拉强度或硬度 kg/mm²	日本工业标准所使用的分类牌号	切削刃角度						粗加工		精加工	
			前角 γ	背前角 γ_a	侧前角 γ_r	后角 α	刃倾角 λ	余偏角 C	铣削速度 mm/min	铣削平均厚度 mm	铣削速度 mm/min	铣削平均厚度 mm
钢	<50	K20 (P20)	-4	-6	-1	8~12	4	30	100~160	0.5>	140~220	0.1
钢	50~70	(P20) P20 (P30)	-10	-11~-14	-6~-4	8~10	7~10	30	80~150	0.4>	120~200	0.1
钢	70~100	(P20) P20 (P30)	-10	-11~-14	-6~-4	8~10	7~10	30	60~130	0.4>	100~180	0.1
调质钢	70~100	P20 (M20) (M30)	-10	-11~-14	-6~-4	8~10	2~10	30	50~120	0.4>	90~160	0.1
调质钢	100~150	P20 (M20)	-15	-12~-16	-10~-8	6~8	7~10	30	30~60	0.3>	45~80	0.1
铸钢(非合金)	70	P20 (M20)	-10	-11~-14	-6~-4	8~10	7~10	30	70~120	0.4>	90~150	0.1
铸铁	HB 200~300	(K10) K20 (K30)	-4	-9~-12	0~3	8~12	8~12	30	40~70	0.6>	50~100	0.1
黄铜	HB 80~120	(K10) K20	0	-6~-9	4~5	8~10	7~10	30	150~220	0.5>	170~300	0.1
青铜铸件	HB 60~100	(K10) K20	0	-6~-9	4~5	8~10	7~10	30	100~180	0.5	140~250	0.1
铝合金	HB 60~100	(K10) K20	0~20	0~17	0~10	8~12	-4~4	60 (45)	200~400	0.5>	400<	0.1

和圆刃铣刀一样，每齿进给量和实际铣削厚度有很大差别时，用去棱角四边形的平均厚度来计算。

铣削平均厚度 $h = \dfrac{S''}{nZ} \cdot \sqrt{\dfrac{A}{D}} \cdot mm$

S″=进给量（mm/min） Z=齿数 A=进给量（mm）

n=转速（r/min） D=铣刀直径（mm）

每齿进给量

铣床操作基本上都是把工件放在工作台上，然后移动工作台进行铣削。这时，工作台单位时间（1min）的移动距离叫做进给量，一般用 mm/min 来表示。假定工作台的进给量为定值，工作台移动、铣刀加工的过程也就是铣刀旋转的过程。转速越快，每一转的进给量就越小。每齿进给量也会随着齿数的多少而改变。

假设有一个 1min 转 100r 的铣刀，工作台 1min 的进给量是 50mm，那么，铣刀 100 转的加工量就是 50mm。铣刀每转加工 $\frac{50mm}{100}$=0.5mm。如果转速为 200r/min，那么每转加工 $\frac{50mm}{200}$=0.25mm，即加工量与转速成反比。若铣刀齿数从 1 个变为 8 个，那 1 转就有 8 个齿铣削工件，这样每齿的加工量就是原来的 1/8。这个加工量就是每齿进给量。即铣刀转 1r，每齿的加工量用公式表示就是

$$f=\frac{T}{nZ} \quad\cdots\cdots\cdots\cdots \textcircled{1}$$

式中　f——每齿进给量（mm/齿）；
　　　T——台面的进给量；
　　　Z——齿数；
　　　n——转速。

在实际的铣床操作中，是通过调节工作台的进给量来进行加工的。铣刀的齿数是不固定的，进给量由齿数决定。

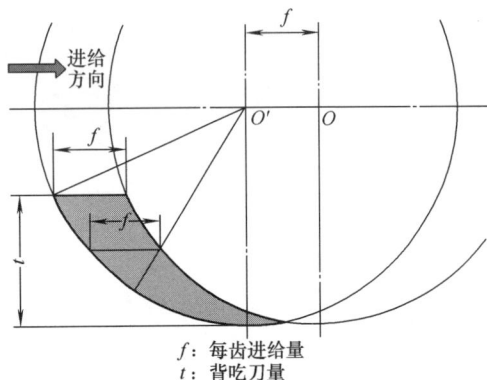

f：每齿进给量
t：背吃刀量

▲铣刀每转动一次，从工件上看，铣刀移动了 OO'=f 的距离。

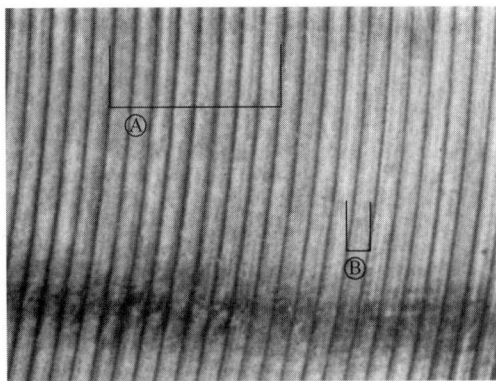

▲Ⓐ若铣刀有 8 个齿，每转就有 8 个齿铣削工件。那时Ⓑ就是每齿进给量。

和进给速度

因此，根据每齿进给量来计算工作台的进给量，然后进行铣削操作。公式为

$$T = f \times n \times Z \quad \cdots\cdots\cdots \quad ②$$

式中　T——工作台进给量；

　　　f——每齿进给量；

　　　n——转速；

　　　Z——刀口数。

比如，一个有 4 个齿的铣刀，每分钟转 311r，每齿进给量是 0.3mm，那么

$T = f \times n \times Z = (0.3 \times 311 \times 4)\text{mm/min} = 373.2\text{mm/min}$

每分钟工作台移动 373.2mm。

在实际的操作中，该如何选择每齿进给量呢？和铣削速度一样，根据工件的不同，规定了每齿的标准进给量。具体请参照 142 页。面铣刀的具体情况见表 1。面铣刀之外的铣刀，大致可按以下的方法进行判断。

● 铣槽刀、侧面刃铣刀·············
　　　　　　大约为面铣刀的 3/5
● 螺旋齿面铣刀·················
　　　　　　大约为面铣刀的 4/5
● 立铣刀 ············· 大约为面铣刀的 1/2
● 锯片铣刀、成形铣刀·············
　　　　　　大约为面铣刀的 1/4

为了使铣削效果更好，应尽量增大每齿进给量。在同一动力下，每齿进给量越大，加工量就越大，效率就会提高，而且更加经济。

增大还是减少刀口的进给量，可根据工件、铣刀的材料、铣削条件等而改变。以下是大致的判断依据。

表1　每齿的标准进给量 （单位：mm/齿）

工件材料	高速钢	硬质合金
铸铁	0.2~0.4	0.25~0.55
可锻铸铁	0.2~0.35	0.2~0.4
黄铜	0.3~0.4	0.3~0.4
铜	0.3~0.4	0.3~0.4
铝	0.5~0.6	0.1~0.4
钢	0.05~0.35	0.08~0.45

1. 增大刀口的进给量

① 粗加工。

② 工件刚性好，安装很稳定。

③ 可加工性好。

④ 断续的被加工面。

⑤ 工件易磨损。

⑥ 工件表面粗糙度值大（如金属氧化物）。

⑦ 侧面磨损加剧。

⑧ 在工件不发生振动的前提下，可继续加大。

2. 减少每齿进给量

① 制作高精度的加工表面。

② 安装不稳定的工件。

③ 深槽加工。

④ 铣面不稳定（如：薄片）。

⑤ 切削刃发生崩刃。

⑥ 所需功率过高。

49

影响铣削效率的一个因素是铣刀的齿数。一般根据铣削操作的实例和经验来决定齿数。一般情况下，制作商根据铣刀的刚性、切屑的形状、铣床的动力、工件等算出齿数。

● 如何确定铣刀的齿数

铣刀的齿数根据铣刀大小而不同。直径越大，齿数也就越多。但若直径很小，由于刚性、切屑的移动方向、容屑槽等缘故，有时也要减少齿数。

一般情况下，硬质合金面铣刀用于铣削钢材，齿数和用 in 表示的铣刀直径的数值相同，比如直径是 4in（1in=25.4mm）的铣刀就有 4 个齿。铣削铸铁、轻合金、铜合金等所用铣刀的齿数是直径的 2 倍。一般用 mm 表示铣刀直径，这时通过 1in=25.4mm 换算过来就可以了。

用公式来表达就是：

铣刀齿数、进

[面铣刀]

$$Z=D \quad \text{————————————— 加工钢材}$$

$$Z=2D \quad \text{————————————— 加工铸铁}$$

[圆柱形铣刀·侧面刃铣刀·立铣刀]

$$Z=19.5\sqrt{\frac{D}{2}}-5.8 \quad \text{…… 一般情况下}$$

$$Z=2D+8 \quad \text{…… 进给量大、背吃刀量大}$$

Z 为齿数，D 为直径。

例如，$\phi 200mm$ 的面铣刀用于铣削钢材时，齿数 $Z=\frac{200}{25.4}\approx 8$；用于铣削铸铁时，$Z=\frac{200}{25.4}\times 2\approx 16$。

▲用于铣削铸件的面铣刀。因用于铣削可加工性好的铸件，所以铣刀齿数可增加。

▲粗加工用圆柱形铣刀、立铣刀等。若减少铣刀齿数、增大螺旋角，就有利于减少振动，提高铣削效率。

给量与铣削效率

● 如何确定铣削动力

　　铣削动力随着铣削速度、每齿进给量、背吃刀量等的增加而增加，齿数也大致如此。但是，如果仔细观察每个齿，会发现随着齿数的增加，每个齿的动力是在减少的。

　　也就是说，如果增加齿数，相对应的动力就会变大，加工量的增幅比齿数的增幅要大。所以，从加工效率这一点来看，齿数越多效率就越高。

　　作为参考，铣刀加工时的动力 U_w 可通过下式来计算。

$$U_W = \frac{K_p \times b \times t \times n \times f \times Z}{6000000}$$

　　式中　K_p——单位面积铣削用力；

　　　　　b——铣削幅度；

　　　　　t——铣削深度；

　　　　　f——一个铣刀的进给接触量；

　　　　　n——转速；

　　　　　Z——齿数。

● 确定齿数的标准

　　操作者是不能随意改变铣刀齿数的，只可以在操作中选择齿数适当的铣刀或者选择适合该铣刀的工件及其他条件。

　　根据工件、加工形状等的不同，可使用齿数不同的铣刀。以下可作为参考。

　　① 钢材的重铣：在不振动的情况下选择齿数少的铣刀。

　　② 轻合金、铝合金等：需增大容屑槽，为便于排出切屑应尽量选用齿数少的铣刀，尤其是在超高速铣削时铣刀的齿数应该特别少。

　　③ 铣削钢材且背吃刀量小的时候（薄壁管、板材等）：应避免断续铣削，为减少切入时产生的冲击，应用齿数多的铣刀。

　　④ 铣削性能好的材料（铸铁、有色金属等）：选择齿数多的铣刀。

　　⑤ 使用铣削性能好的刀具：可使用齿数多的铣刀。

重铣时的崩刃

　　如果铣削条件不合适，刀具就有可能崩刃，或者被损坏。因为是重铣，所以不单是崩刃，立铣刀本身也被损坏了。

切屑的排法及

排出切屑很重要

有人说铣削加工就是制作切屑的操作。如何排出切屑是很重要的。

在加工过程中，产生的切屑先到容屑槽中，然后再被排出。这个容屑槽的形状、大小会影响切屑的排出，同时也会影响铣削效率。

容屑槽在每一个齿上都有一个。

容屑槽的形状需满足在排出切屑时，不能给工件和铣刀留下划痕。理想的容屑槽应当是切屑轻微接触容屑槽后能顺利排出。

若容屑槽不合适，那么铣刀本身就会有划痕，或者切屑会塞在容屑槽里阻碍铣刀，也可能会损伤加工表面。

容屑槽的形状及大小

容屑槽的形状、大小由切屑的形状、工件、铣刀的大小、齿数等因素来决定。硬质合金铣刀由于主要进行强力铣削，单位时间内的切屑会比较多，这时就需要大的容屑槽。

▼虽然切屑会逐渐变大，但它会被迅速地排出，因此是理想的容屑槽。

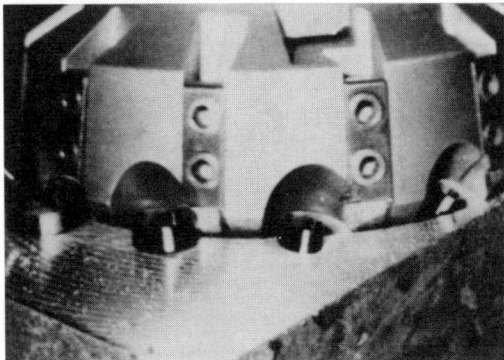

▼切屑不只是卷起来的，要有能够容纳并排出细长形切屑的空间。

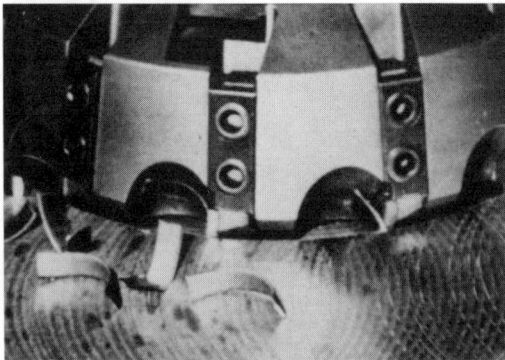

容屑槽

工件不同，切屑的形状也不相同。比如，钢或铸铁会产生相连的切屑，因此需要大的容屑槽，并且需要能把切屑卷起来的形状。铸铁或有色金属等会产生断开的小碎屑，此时用较小的容屑槽就可以了。

当容屑槽较大时，齿数也就应相应地减少。从铣削效率、工具寿命来看，齿数越多越好。但是由于受排出切屑的制约，齿数也就相应地有一个固定的值。

▲ 直径相同的面铣刀，齿数不同。同时，容屑槽的大小和形状也不同。右边的齿数为 12，用于铣削钢材；左边的齿数为 30，用于铣削铸铁。

有一个 $\phi 200mm$ 的面铣刀，当铣削铸铁时齿数为 12，铣削轻合金时为 4，铣削钢材时为 8。工件不同，齿数也发生改变的情况很常见。虽然容屑槽越大越好，但铣刀本身必须能够承受住强力铣削、高速铣削。

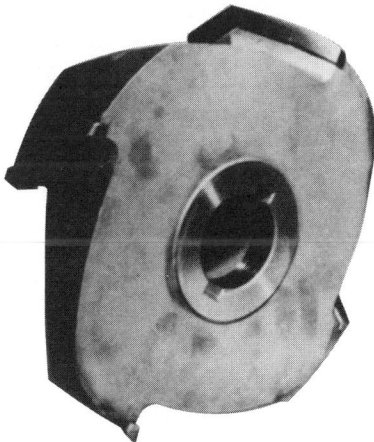

▲锯片铣刀也需要容屑槽。如图所示两铣刀直径相同，但齿数为 1:2。齿数小的铣刀是自制的，切屑的排出非常好。铣削性能提高了 1 倍以上。

▲一种变形的圆柱形铣刀。外围只有切削刃，也可以说大部分是容屑槽。

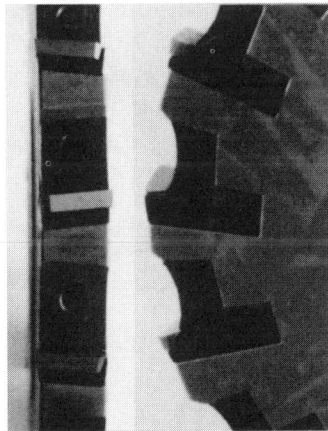

▲该侧面刃铣刀的切削刃互相交错。由于切屑排出的方向左右交叉，切屑接触加工表面时，可使左右的推力得到平衡。

进给量与精加工表面

　　用铣刀加工过的工件表面有一定的表面粗糙度，这是由刃形痕迹、旋转痕迹、振动痕迹、挤裂痕迹、弯曲痕迹等其中一种或几种作用而形成的。

　　刃形痕迹是指铣刀每个齿在工件加工表面留下的凹凸不平的印记。旋转印记是由于设备或铣刀的误差、变形而引起的，是指铣刀每转一周切削刃不能均匀地接触工件所产生的凹凸不平的痕迹。没有这些痕迹是最理想的。刃形痕迹是无法避免的，但旋

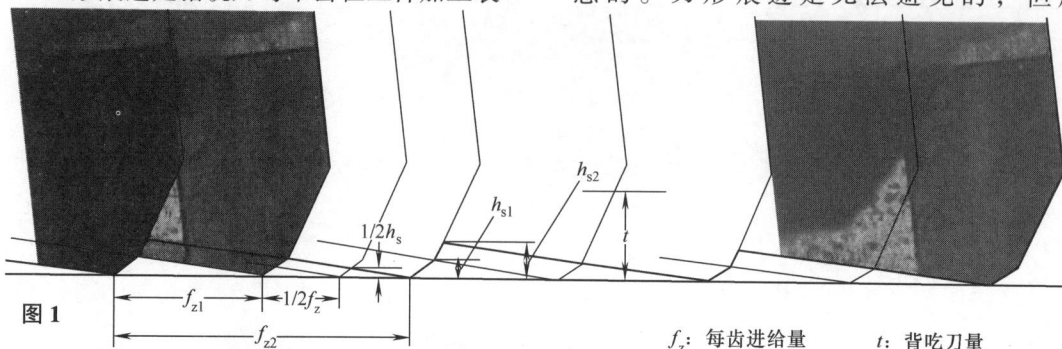

图1

f_z：每齿进给量　　　t：背吃刀量

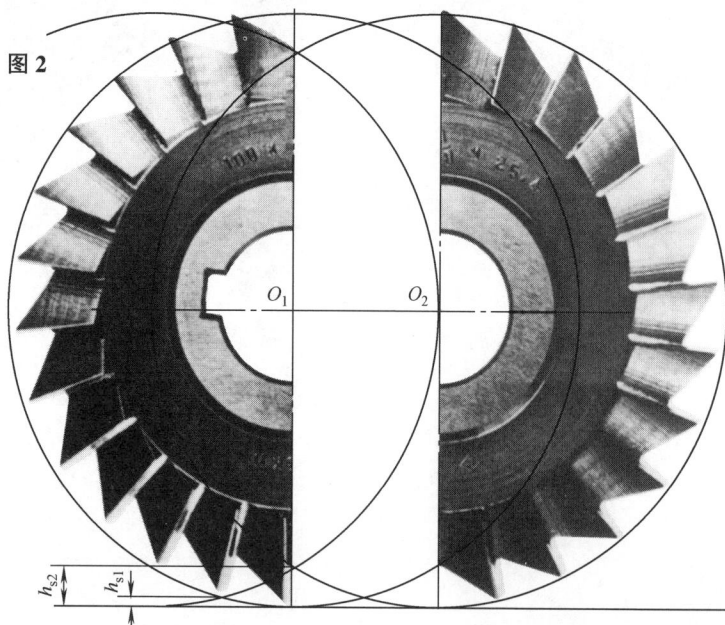

图2

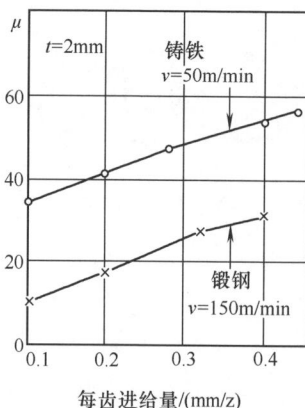

每齿进给量/(mm/z)

图3　改变每齿进给量时精加工表面的粗糙度

转痕迹、振动痕迹、弯曲痕迹等应尽量避免。

刃形痕迹是理论概念，一般在标准铣削条件下进行铣削加工时，刃形痕迹很小，一般在 $\frac{1}{1000}$ mm 以下。

图 1 所示是精加工面上留下的端面铣削的刃形痕迹。假设每齿进给量为 f_{z1}，那么就会产生 h_{s1} 的凹凸。改变 f_{z1} 时，h_{s1} 也会随之改变。

如果把每齿进给量增加一倍（$f_{z2}=2f_{z1}$），加工表面的粗糙度也会增大（根据切削刃形状的不同会发生一些改变，但基本上是增大 1 倍），如果把每齿进给量缩小为原来的 1/2，那么表面粗糙度值也会变小。

在进行外圆铣削时也是一样（图 2）。每齿进给量是 OO_1（$=O_1O_2$）时，加工表面的粗糙度为 h_{s1}，如果把每齿进给量增大 2 倍为 OO_2（$=2OO_1$），那么加工表面的粗糙度就为 h_{s2}。

如果只有刃形痕迹，便是最理想的情况。但在实际操作中，往往不是这样的。

影响加工表面的因素有以下几种：

① 设备：各部件的精度、热位移等。

② 铣刀：切削刃精度、切削刃形状及安装时的偏差、刚性等。

③ 铣削条件：铣削速度、进给量、背吃刀量等。

④ 工件：形状、材料、安装方法等。

以上因素中，设备、工件都是无法改变的，只能对铣削条件进行改变。

铣削加工中加工表面的粗糙度值会因提高铣削速度而减小，因进给量的增大而增加（图 3）。

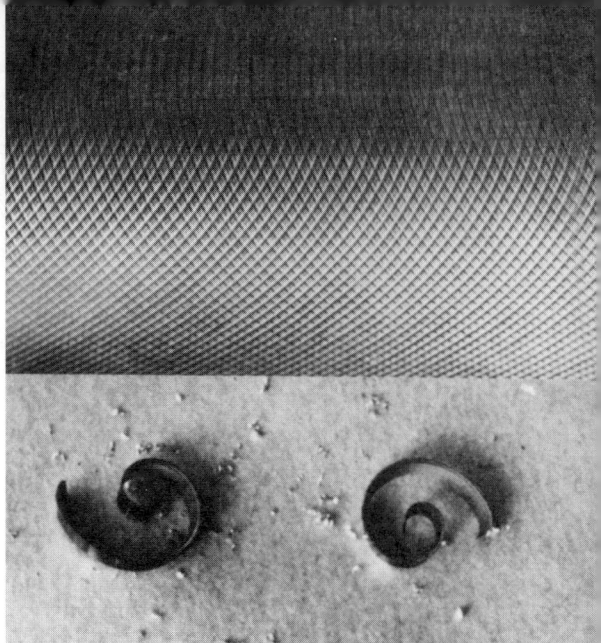

▲用铣刀进行铣削加工时，会出现这样的网状痕迹。这是由于在前一次的加工面上，再一次进行加工所产生的。切屑是在前刀切入时产生的，小的颗粒状的切屑是在后刀擦过时产生的。

▼当主轴轴心与工作台面之间成直角时就会出现网状痕迹。这对表面粗糙度和切削刃寿命的影响都不好。因此，应该尽量加工出下图所示的表面，此时工作台面和铣刀只有很小的偏差。

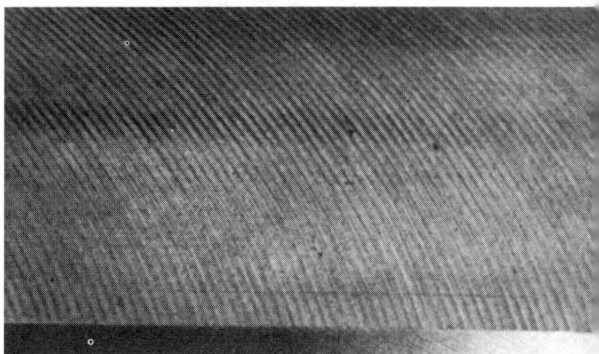

切削刃的切入方法

铣刀切削刃接触工件的方式，会对工具的使用寿命产生很大影响。铣刀一旦切入工件，就会连续铣削。但铣刀最多只能铣削 1/2 周，余下的 1/2 周空转。重复这样的过程进行断续的铣削操作。

铣床切削刃接触工件的次数越多，相应受到的冲击影响也越大。

铣刀切入工件时，并不是一次性整个铣刀全部切入，而是切削刃的一部分先切入，然后切入的部分逐渐变大，即切削刃部分的切入量乘以一个刀口的进给量。

如图 1 所示，S、T、U、V 表示工件即将被铣削平面的四个角，与之相对应的是刀口上的 S′、T′、U′、V′。

在刀具旋转并即将进行铣削时，有以下几种情况：

① 从 S、T、U、V 的其中一点开始进行点切入。

② 从 S—T、T—U、U—V、V—S 的其中一处开始进行线切入。

③ S—T—U—V 面同时进行面切入。

归纳起来可制成表，共有 9 种情况。

这 9 种情况，大多数是根据工件与刀轴之间的相对位置关系来决定的。此外，还根据面铣刀的背前角、侧前角及压力角的改变而改变。

如图 1 所示，当刀轴在工件的外侧，啮合角为负（圆柱形铣刀、侧面刃铣刀等是这种情况）时，切削刃比较容易从 S、T 开始切入。这时，若背前角是正的，容易从 S 开始

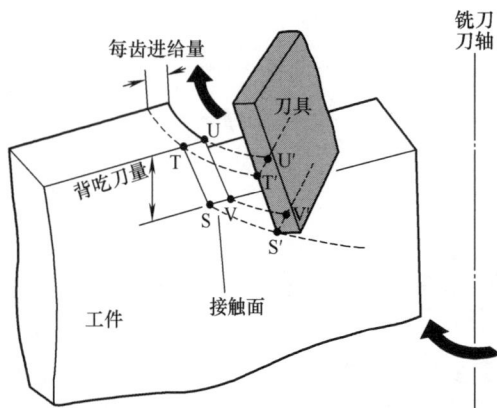

图 1　切削刃的切入方法

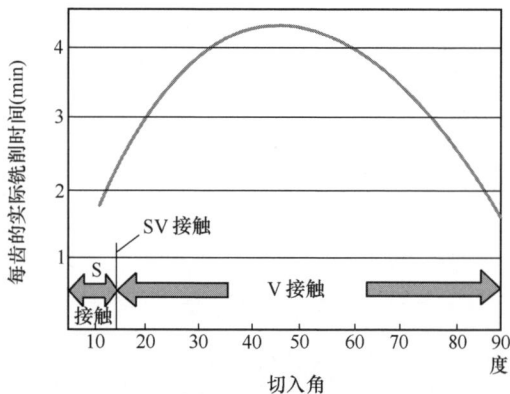

图 2　啮合角、接触点及刀具寿命

56

切入。

反之，当铣刀轴在工件的内侧（啮合角是正的）时，容易从 U、V 开始切入。

由于刀具从 S 开始切入工件时，切削刃处于最脆弱的状态，也就最容易产生崩刃。应尽量避免这种情况的发生。

从保护切削刃的角度来看，从 U、V 开始切入是最理想的。

以 S—T—U—V 这种方式进行面切入的可能性非常小，因为这种方式的冲击很大。

图 2 所示为切削刃从何处开始切入工件与刀具寿命的关系。从延长刀具寿命方面考虑，当啮合角为 40°~50°时，从 V 点开始切入工件是最理想的。

▲刀轴在工件的内侧时，见表中③、④

切削刃的接触方式　从有颜色的地方切入

	接触方式	R 与 ε 的关系	参　考
①	工件 S	$R>\varepsilon$	
②	T	$R>\varepsilon$	
③	U	$R<\varepsilon$	
④	V	$R<\varepsilon$	
⑤	T S	$R>\varepsilon$	
⑥	U V	$R<\varepsilon$	
⑦	S V	$R=\varepsilon$	$A>0$
⑧	T U	$R=\varepsilon$	$A<0$
⑨	T U S V	$R=\varepsilon$	$A=0$

R：侧前角　　　　ε：压力角
A：背前角

57

切入角 （压力角）

铣削加工时，根据工件和铣刀位置的不同，铣刀切削刃切入工件时的角度会有所变化。

这个角度用铣刀中心线与铣刀切入工件时的面所形成的角度来表示，称为切入角或者压力角（见图1）。

当刀轴在工件外侧时，压力角为负。正面铣刀也可以采取这样的铣削方法，典型的例子就是侧面铣刀和平铣刀等外圆铣刀。

与此相对，当刀轴在工件内部的时候，压力角为正。

压力角除了与工件和铣刀的位置有关，还受铣刀直径的影响（见图2）。如果是正面铣刀的话，从铣削开始到结束，压力角会时刻发生变化。

如果压力角变大，如图3所示，切削刃和工件接触的地方，切口厚度比表面移动量还要小得多，容易引起弹性变形。开始时工件还未被铣削，切削刃受到很大的力，很容易产生切屑。

因此，压力角越小越好。

通常，铣削钢材时压力角取-10°~20°。

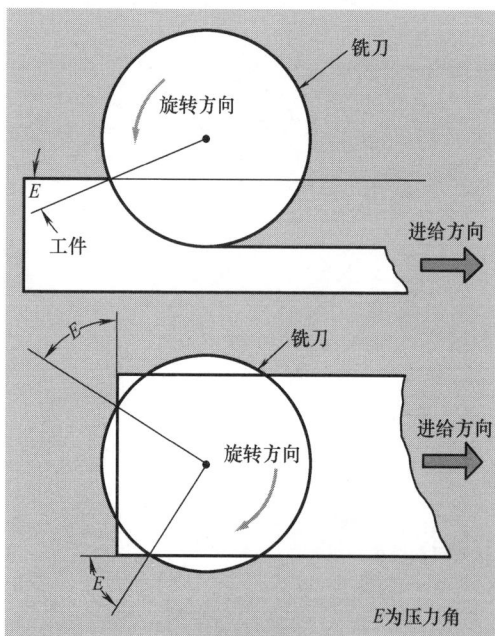

图1　压力角

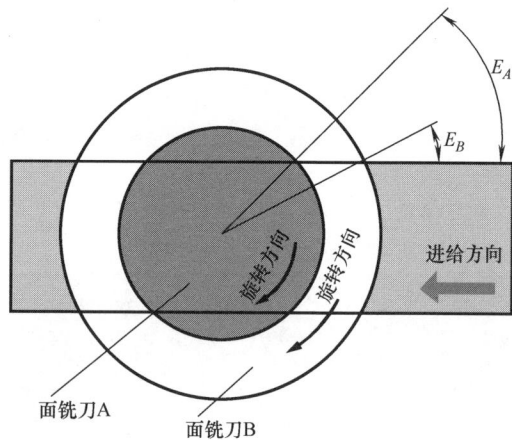

加工工件时，由于铣刀的直径不同，压力角也会不同。

E_A：用面铣刀A铣削时的压力角

E_B：用面铣刀B铣削时的压力角

图2　铣刀直径和压力角

▲如果压力角过大，会引起切削刃损伤，缩短刀具寿命

铣削铸铁时，压力角在50°以下，对于轻合金压力角在40°以下。

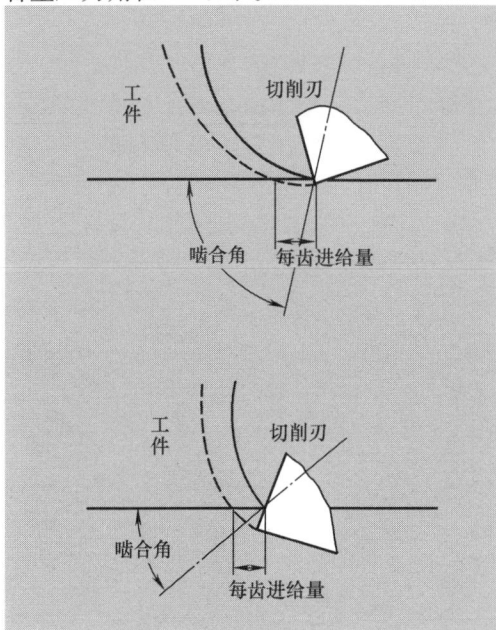

图3　压力角的变化和切削刃的接触方式

因此，在使用正面铣刀的时候，要根据工件的宽度改变铣刀的直径。

一般情况下，对铣刀的直径可以进行如下选择：

铣刀直径

铣削钢材时为 $\dfrac{5}{3}W$

铣削铸铁时为 $\dfrac{5}{4}W$

铣削轻合金时为 $\left(\dfrac{3}{2} \sim \dfrac{5}{3}\right)W$

（W：铣削幅度）

即使想让铣刀的直径大于铣削幅度，由于铣刀的最大直径也是固定的，所以不太可能。

铣削幅度比铣刀直径大的情况，在实际操作中时有发生。这种情况下，就必须分成两次或者更多次来进行铣削。

此时如果不注意压力角，会缩短刀具寿命。

分成两次以上铣削时，根据上述工件和铣刀直径的关系，来选择压力角。

同时铣入齿数

铣刀和车刀不同，是几个切削刃同时铣削工件。如果这种铣削是连续性的，一个齿的最大限度是 1/2 转，之后不再铣削。同时铣削工件的齿数，叫做同时铣入齿数。

同时铣入齿数依据工件的铣削幅度和铣刀的直径等不同而产生变化。比如，即使是用有 4 个齿的铣刀铣削，如果铣削幅度变化，会出现 1 个齿都没接触的情况，也会出现只有 1 个齿经常接触的情况，或者是 1 个齿和两个齿相互转化的情况（见图 1）。

铣刀刀齿接触工件，如接触不到工件，或者铣刀齿数发生变化，那么铣削力就会发生变化，从而引起振动。

面铣刀齿数是 6 时铣削力的变化如图 2 所示。同时铣入齿数，如图 2b、d 所示经常不变时，铣削力的变动也不大，从铣削的条件来看状况不错。相反，如图 2a、c、e 所示

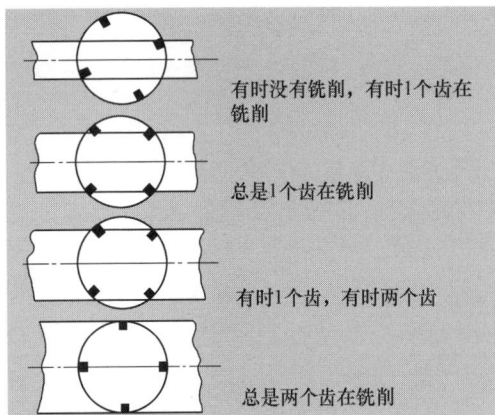

1

同时铣入齿数的不同

铣削力变动较大时，容易产生裂纹，应予以注意。

不只面铣刀，其他铣刀也必须考虑同时铣入齿数的问题。

铣削幅度和铣刀的直径、齿数不同，铣入齿数也会不同。

虽然①和②中的刀具和工件都一样，但是具体操作时有时像①那样只用 1 个齿铣削，

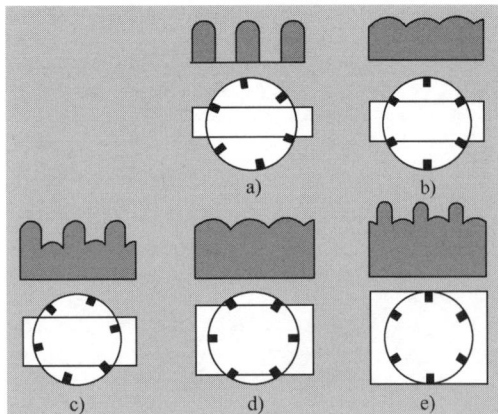

有时没有铣削，有时1个齿在铣削

总是1个齿在铣削

有时1个齿，有时两个齿

总是两个齿在铣削

图 1   正面铣刀上的铣削幅度和同时铣入齿数

a)

b)

c)

d)

e)

图 2   同时铣入齿数和铣削力的变动

有时像②那样用两个齿铣削。

③的情况是铣削幅度和铣刀直径都变大，

齿数也增多，通常是使用 4 个齿铣削。

平铣刀和立铣刀，有的装有直刃，有的

装有斜刃。面铣刀没有这个问题，但是这些圆柱形铣刀如果有斜刃，同时铣入的齿数便会增加。因为刀具铣削力变动较小，所以齿数稳定。圆柱形铣刀有斜刃，也就代表了铣削力的变动少而且稳定。

从铣削力来看，对于圆柱形铣刀来说，

如图 3 所示，可知有斜刃的铣刀更稳定。

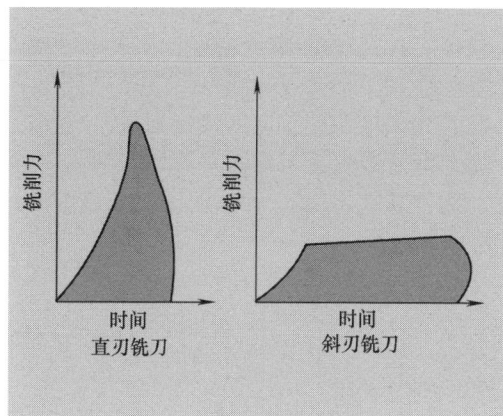

图3　铣削力的变化

增加同时铣入齿数的方法

通过增加同时铣入齿数，铣削力的变动会减少，振动也会减小。

可以把铣刀轴从铣削幅度中央挪动，来增加同时铣入齿数。但是如果这样做，铣削的长度会变大，所以这种方法并不是什么时候都适用。

61

背吃刀量

铣刀转动时，工件被铣削的深度叫做背吃刀量，背吃刀量是提高铣削效率的重要因素。

所谓效率，是指单位时间内可以制作的切口量。因此，增加切入深度是提高铣削效率的一个方法。如果将工件宽度一次定形，会产生很多不便，刀具的寿命也会缩短。

虽然增加背吃刀量可以提高铣削效率，但必须根据铣床电动机的功率和刚性、刀具形状，工件材料等来确定与之相对的数值。

如果采用面铣刀，粗加工定为 3~5mm，精加工定为 0.5mm 左右。用平铣刀和侧铣刀等进行铣削时，铣削幅度小、背吃刀量大的情况比较多，减小背吃刀量，立铣刀的螺旋铣削定为立铣刀直径的 1/2 以下。因此，用侧铣刀铣槽时，定为立铣刀直径的 1/2 以下。

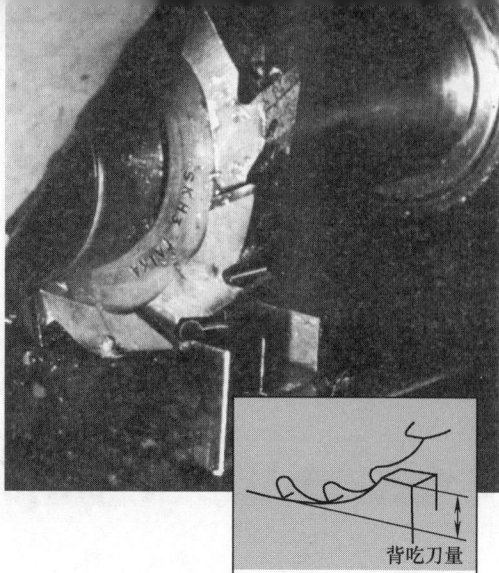

▲用侧铣刀进行螺旋铣和铣槽时，铣削幅度比较小，因此可以增大背吃刀量。

工件的宽度很大时，最好分几次来进行铣削。比如，用正面铣刀铣削时，宽度为 6mm，不是一次性完成加工，而是一般粗铣 3mm，中铣 2.5mm，精铣 0.5mm。这时，根据加工表面及工具形状等的变化可以有多种选择。

此外，用平铣刀和侧铣刀等进行外圆铣削时，如果使用顺铣增加背吃刀量，铣削方向也会随之改变，容易出现裂纹。因此，如果要增大背吃刀量，最好使用逆铣，这样就会不出现裂纹。

铣床操作的效率，可以用与每齿接触的移动量×背吃刀量来计算。由此可知，每齿接触的移动量和背吃刀量变大，可以提高铣削效率。

刀具寿命不会因为背吃刀量的变化而出

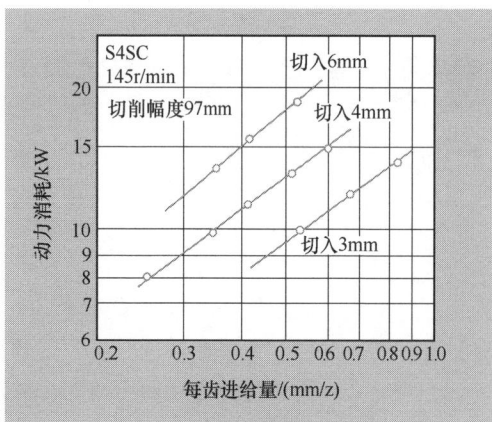

▲正面铣刀切入时每齿进给量和动力消耗

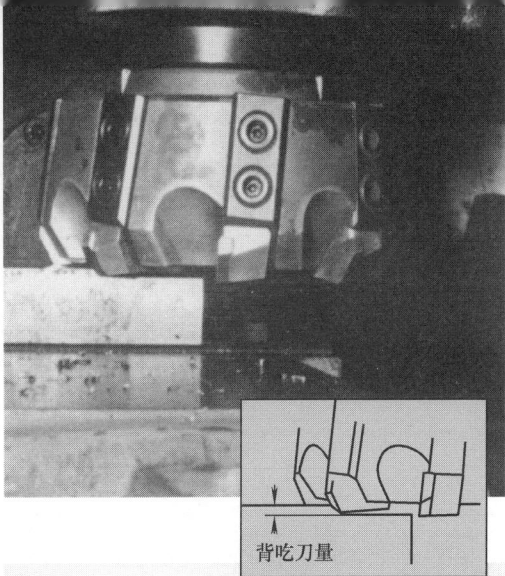

▲背吃刀量变化时，切口的缠绕方式也会不同。如图所示工件为 SS41，铣削宽度为 120mm，与每齿接触的移动量为 0.106mm，齿数为 8，上部背吃刀量为 2mm，总背吃刀量为 6mm。

▲面铣刀的背吃刀量如果非常小，滑面磨损会迅速增大，所以深度应在 0.3～0.5mm 以上。

现太大变化。但是如果工件材料很差背吃刀量却较大时，切削刃会因为铣削热量而更容易损坏，寿命也会降低。然而，从 SF 材料和 FC 材料来看，每齿接触的移动量和背吃刀量越大，寿命会越长，所以可以增大每齿接触的移动量和背吃刀量。

精加工时也可以增大背吃刀量。

精加工时一般增大背吃刀量，而不会增加每齿接触的移动量。

在机械加工中，可通过高速铣、重铣来达到高效率化，也正是因为这一点，硬质合金铣刀逐渐增多了。

使用硬质合金铣刀的时候，要求安装工具和夹具有足够的刚性。只要有足够的刚性，硬质合金铣刀就可以完成高效率的操作。然

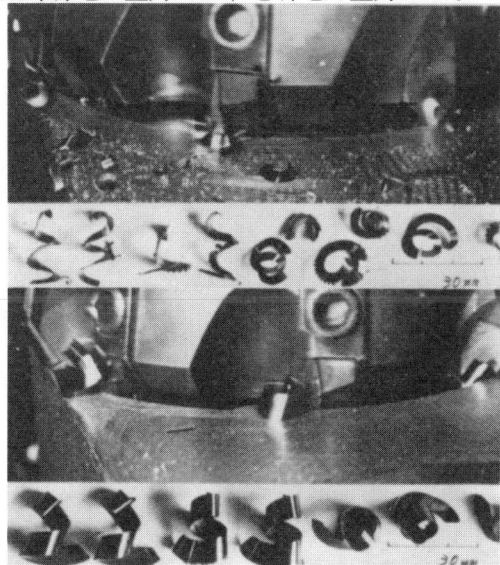

▲如图所示为背吃刀量改变时的切口形状。工件为 S10C，与每齿接触的移动量为 0.92mm，铣削速度为 100m/min，齿数为 8，上部背吃刀量为 2mm，总背吃刀量为 6mm。

各种刀具材料及其区别

铣床操作中使用的刀具，从形状来看有很多种，但是大部分为硬质合金材料。

	性　能	JIS中的分类	加工材料	加工条件	
● 硬质合金铣刀	耐磨损能力，切削速度 ← 韧性，抗弯折能力	P01	钢、铸钢材料	高速、小面积铣削，要求工件的尺寸精度和表面精度良好，操作条件为无振动（进给量在 0.1mm/r 以下，背吃刀量在 0.1mm 以下）	
		P10	钢、铸钢材料	高速、中小面积铣削（进给量在 0.8mm/r 以下），操作条件比较好，锻造等表面偏心部分精铣。STi10T 和 STi10 相比较，即使耐磨性相同也要使用抗破损强度高的工件	
		P20 (P25)	钢、铸钢材料，可能出现长接口的可锻铸铁材料	中速、中面积铣削，P 系列中用途最广，条件良好时，也可用于小面积铣削	
				高速、所有中小面积铣削，标准钢铣削，用于热应力影响小，有夹砂和孔的材料以及断续铣的情况（与 P20 相比韧性特别大）	
		P30	钢、铸钢材料，可能出现长接口的可锻铸铁材料	低、中速，大面积铣削，较差的操作条件（有铸造表皮，硬度和切入角发生变化，铣削断续）	
		P40 (P45)	钢、铸钢材料（包括含有夹砂和孔的情况）	低速、大面积铣削，比 P30 差的条件（间隔铣削或是断续铣削），或者间隙角较大时	
				低、高速，大面积铣削，旧机械中拉伸强度低时，对于平削来说，比 P40 切削刃韧性要好，可以取大间隙角	
		P50	钢、铸钢材料，低、中拉伸强度的工件，有夹砂和孔的工件	低速、大面积铣削，间隙角大（和高速钢一样），切削刃形状复杂时，低速、大面积铣削，比 P40 还差的铣削条件下，要求韧性好	
	耐磨损能力，切削速度 ← 韧性，抗弯折能力	M10	钢、铸钢材料，铸铁材料，高锰钢、特殊铸铁材料	中、高速，中、小面积铣削，钢、铸铁混用，相对较好的操作条件下	以 P20 及 K10 为标准
				中、高速，中、小面积铣削，相对较好的操作条件下，适合铣削轴	
		M20	钢、铸钢材料，铸铁材料，高锰钢、奥氏体铜、特殊铸铁材料	中速、中面积铣削，钢、铸铁混用，相对较差的操作条件下	以 K30 及 K20 为标准
		M30	钢、铸钢材料，铸铁材料，奥氏体铜、特殊铸铁材料，耐热合金	低、中速，中、大面积铣削，操作条件比 M20 差，特别是表面粗糙或有夹砂和孔，间隙角很大时	
		M40	钢、快削钢材料，非铁金属	低速，需要韧性好，适合间隙角较大和铣刀形状复杂时	
	耐磨损能力，切削速度 ← 韧性，抗弯折能力	K01	高硬度铸铁、冷铸件、淬火钢、石墨、硬质纸、陶瓷、石棉等人工材料，高硅铝合金	高速、铣削面积小，作业条件是没有振动	
				极低温、铣削面积小，作业条件是没有振动	
		K05	高硬度铸铁、冷铸件、淬火铜合金、硬质橡胶、岩石、硬质纸、硅铝合金、塑料	高速、铣削面积小，硬质材料的精铣，作业条件是没有振动	
		K10	200HB 以上的铸铁，可能产生铣屑的可锻铸铁，淬火钢（150kg/mm² 以上），硅铝合金、钢合金、玻璃、硬质纸、硬质橡胶、陶瓷	中速、铣削面积小	K 系列中相对普遍的作业，相对没有振动的作业
				低速、铣削面积小	
		K20	200HB 以下的铸铁材料、钢、非铁合金、轻合金、复合层压木板	中速、大、中面积铣削，系列中的普遍作业，相对没有振动的作业条件	
		K30	拉伸强度低的钢，强度低的铸铁材料，非铁金属	低速、铣削面积大，作业条件不好（出现断续振动等）或者是要求刀具切削刃强度大的情况	
		K40	强度低的非铁金属，木材，塑料	作业条件比 K30 还差，用在间隙角较大时	

而，并不是所有硬质合金铣刀都比高速钢铣刀优良。

可根据工件和加工形状的不同而区别使用。

而且，硬质合金铣刀和高速钢铣刀，根据其成分不同也有很多不同的种类，而且每种铣刀都有其特性，所以必须区别对待，使其特性得以发挥。

● 高速钢铣刀

JIS 中的分类	用　途	主要工件
SKH2	普通铣削	低碳钢
SKH3	高速重铣	普通钢，中碳钢
SKH4A	中速重铣加工难铣材料时	普通钢，不锈钢（快削），高碳钢
SKH4B		
SKH5	高速重铣加工硬性大的难铣材料时	奥氏体不锈钢（难切削），耐热合金，高碳钢
SKH10	加工难铣材料时	
SKH9	需要有一定韧性的普通铣削	黄铜
SKH52	铣削韧性要求较高的硬性材料	
SKH53		高铬钢 高镍钢
SKH54		高锰钢
SKH55	韧性要求较高的高速铣	不锈钢（快削）
SKH56		
SKH57		合金铸钢，高锰钢

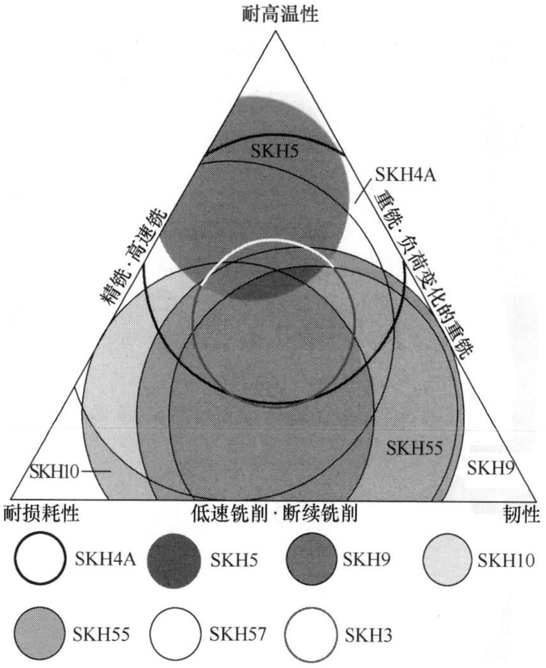

▲高速钢钢种的特性模型图——与三角形顶点对应的3要素越接近，它的特性就越大。圆的面积越大，它的适应性也就越强。

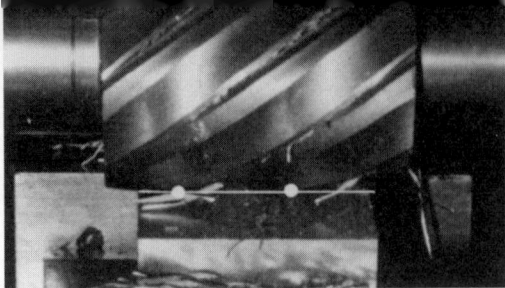

直刃·斜刃

铣刀有直刃和斜刃，其中斜刃又分左旋和右旋。

直刃是用 1 个切削刃来铣削，与此不同，斜刃是用多个切削刃同时铣削，操作时比较平滑，同时可以减少切屑。

右旋切削刃的间隙角为正，左旋切削刃的间隙角为负。

试比较一下立铣刀中的左旋切削刃和右旋切削刃。

左旋立铣刀，间隙角为负，虽然具有切削刃不够锋利、铣削力较大、精加工面表面粗糙度值大的缺点，但是铣削力推动立铣刀向上，所以不用担心刀具的安装问题。与此相反，右旋立铣刀的间隙角为正，切削刃锋利度较好，加工效率高，精加工面也光滑，但是其推动刀具向上的力基本上没有起到任何作用。特别是使用立铣刀周围的切削刃铣削时，铣削力在起作用，所以必须考虑安装的对策。因此，对于右旋立铣刀，可以使用在刀柄处切削刃铣削，从主轴后端进行固定的方法。

以前使用的大多是左旋立铣刀，但是现在为了提高加工效率，右旋立铣刀也逐渐增多了。

特别是在铣削钢材的时候，这种右旋立铣刀会更好。在铣削铸铁和黄铜时也可以把螺旋角变为 0 或者为正（右螺旋）。

斜刃除了用在立铣刀上，还可用在平铣刀、侧铣刀等其他铣刀上。其中斜刃的角度因齿数和刀具的材质、操作条件、工件等的不同而不同。

例如，用平铣刀铣削轻合金、铜等软质材料的时候，粗铣时取 25°~45°，普通铣削时取 10°~15°。

组合使用平铣刀的斜刃时，切入的螺旋角引起的推力会使左右斜刃平衡（见图 1）。只用 1 把铣刀时，为保持螺旋方向会把主轴压到床柱一侧（见图 2）。

还有一种把左右螺旋刃安装在一个铣刀上的锯齿刀。与直刃相比，锯齿刀的侧刃可以进行强力铣削。

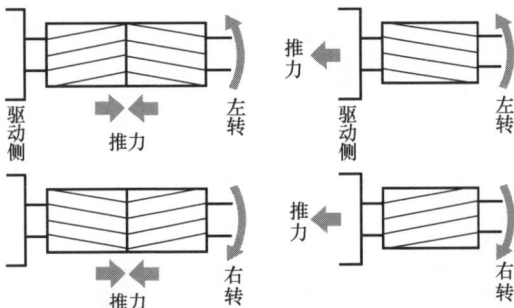

图 1 为消除推力而设定平铣刀的组合和旋转方向

图 2 设定平铣刀的旋转方向时使推力向驱动一侧作用

右旋和左旋

▲面铣刀的左旋（左侧 2 把）和右旋（右侧 2 把）

右旋

左旋

▲平铣刀的左旋和右旋

直刃和斜刃

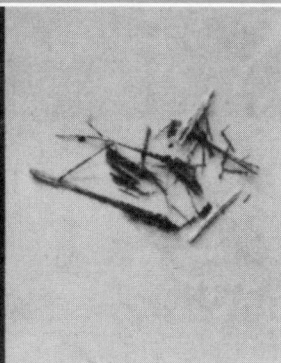

▲直刃的侧铣刀及其铣削平面

▲斜刃的侧铣刀及其铣削平面

端面铣削和周边铣削

进行平面铣削时，可以采用端面铣削，也可以采用周边铣削。在实际的平面加工操作中，选择哪种方式依据使用的铣床是立式铣床还是卧式铣床而定。但是，在两种铣床都可以使用的情况下，是端面铣削有效还是周边铣削有效，需根据具体情况来定。

*

从刀具安装的角度来说，圆柱铣刀安装在卧式铣床的刀杆上，需要去掉轴环和支架，然后装上刀具，再对其进行设定，所以很麻烦。与此相反，在立式铣床上安装面铣刀的操作很简

立式

?

单，要比安装圆柱铣刀节省时间和劳力。

**

另外，安装圆柱铣刀的刀杆，一般都是又细又长，铣削力和反作用力直接作用于刀杆，使其抗弯曲性和抗扭曲性变差，不适合进行重铣。面铣刀直接安装在主轴上，与圆柱铣刀的刀杆相比，其刀杆又短又粗，而且振动也很小。一般情况下，只比较刀杆的话，面铣刀要比圆柱铣刀好一些。

***

就铣削效率而言，圆柱铣刀的每个齿在 1r 的时间里，铣出的距离较短，但面铣刀最大限度可以

卧式

?

铣到刀片的 1/2。与面铣刀相比，圆柱铣刀在单位时间内的最大切屑量要少 10% ~ 25%。仅从这一点就可以看出，圆柱铣刀效率较差。对于面铣刀，铣削幅度越宽其效率就越高。圆柱铣刀的铣削幅度就不能太宽。平铣刀的铣削幅度最大约为 1500mm，基本上没有比这个更大的了。即使有，那也只能用于轻铣，不能用于重铣。

****

除此以外，还存在精加工面的精度和切削刃的再铣削等问题。

考虑到这些问题，与周边铣削相比，还是端面铣削更好。

操作

如图所示是"无接缝锁链"。

这个"无接缝锁链"是用立式铣床铣出来的。只要使用标准工具，按照标准操作就能铣出来。这一操作本身没有什么特别复杂的地方，关键是工序。

加工工序请参考 108 页的介绍。

下面将围绕铣床操作的标准基础操作，介绍其原则和顺序。

平面铣削

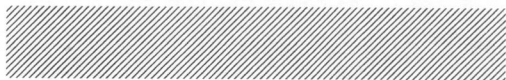

铣床在铣削平面时，最能发挥作用。卧式铣床一般使用圆柱铣刀，立式铣床一般使用面铣刀。但是，效率较高的还是使用面铣刀的立式铣床。

从理论上来说，面铣刀是问题最多的。间隙角、退刀角、刀尖形状、切入角、同时作用刃数、切口的退出方式、铣刀阻力、进给量、抛光等，确实有各种各样的问题。虽说面铣刀的效率较高，但是要同时全部处理好这些问题，在实际操作中是不可能的。要针对具体操作，灵活应用。

使用面铣刀，一般都可以铣出平的表面（表面光洁）。

现在已经很少有人相信有斜纹纹路时加工精度就高，但是从加工精度的角度来说，工件要和工作台成一定的角度，这一点是完全可以达到的（参考147页）。因此，只用面铣刀的刀尖部分铣削出如图所示的工件，也可以称加工表面为平面。

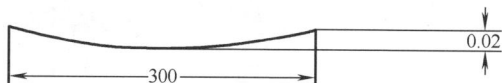

▲如图所示在左侧铣出斜纹纹路时，只要使铣削深度变浅，减少进给量，就会成为右侧无纹的平面，看起来很光滑。这是由于铣削时存在阻力，使面铣刀的刀尖上翘，切削刃后侧朝下，于是便产生了花纹。只要使铣削深度变浅，进给量变小，铣刀就不会上翘，切削刃的后侧也就不会接触到工件。

卧式铣床没有什么特别需要注意的问题，只是在逆铣时，要注意去除工作台的反冲力。

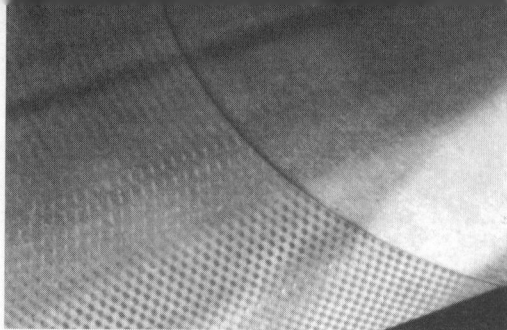

▲这是用于直径大（φ200mm）、齿数少（8个齿）的重铣，用于铣削钢材。铣刀留下的痕迹很不规则，这是同时作用的齿数不断变化、刀齿的退出和机械传动部分的晃动而相互作用的结果。

▲铣平面时，铣削宽度一般应设定为铣刀直径的 60%~70%。但是，如图所示当铣刀直径小于加工面的宽度时（没有大直径的铣刀或者没时间换铣刀时），要反复进给。此时，由于升降台的高度、滑鞍或升降台与压板的接合方式等，有可能出现断层差。在安装压板时，可以使用纸来调节。如图所示，在重复进给动作时，将重叠铣削平面的厚度控制在 1mm 以下，可消除断层差。

▲铣削宽度和铣刀直径相同时也可以进行铣削，但是会出现其他问题。铣刀底部中央会堆满切屑。如果使用面铣刀，由于它的转速很高，切屑会在离心力的作用下飞出去，但是当铣削平面的宽度和铣刀直径相同时，就没有切屑飞出去的间隙，切屑也就会积压在铣刀的中央部分。如果把这种情况下的切屑取出来进行观察，和右侧正常的切屑相比，就可以知道这种操作的危险性。此时加工面上就会出现瑕疵，铣刀的寿命也会缩短。

制作正方体

铣削操作以加工平面居多。因此，通过加工平行直角平面制作正方体是铣床的基本操作。使用机用平口钳的操作全都是以平行直角为中心的。

将棒料铣成正方体的例子如下。

将工件固定在机用平口钳上时，如果棒料表面凹凸不平，就要用光滑的材料（铜板、铝板）包裹。因为光滑的材料可以改善工件表面凹凸不平的情况。

1）先铣面①。

2）然后将面①固定在机用平口钳基准面的下方，就可以铣出面①的平行面③了。用同样的方法，在铣面②、面④时，可以同时铣两个以上的平面。

另外，把面①固定在机用平口钳的定位块上并夹紧，就可以铣出与它相邻的面了。

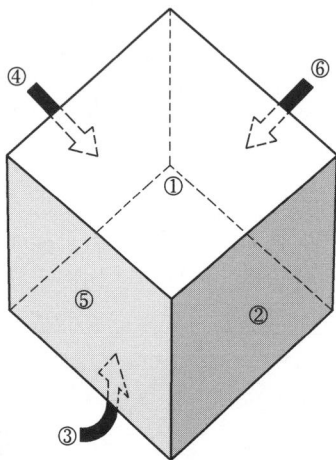

这时定位块的接触板就不能要了。

3）将面①固定在定位块上，铣出它的以面①为基准加工直角面面②。

4）将面②固定在下面，铣出与之平行，并且与面①、面③垂直的面④。

以上工序中，不能以面①→面②→面③→

面①的加工

面③的加工

面④的顺序操作。

如果机用平口钳中有误差，这个误差就会越积越大，使面④和面①之间的直角出现更大的误差，所以加工顺序一定要是面①→面②→面④→面③或者面①→面③→面②→面④。

如此，相互平行或垂直的 4 个面就做好了。有了这 4 个面，接下来往哪个方向转都没问题。

铣面⑤和面⑥要多花费一些功夫。

5）以面①~面④中的任一面为基准做直角。一般都把直角尺放到机用平口钳的底面进行观察。一边观察直角尺和机用平口钳底面的距离，一边用木槌轻击调整成直角，然后选面⑤。

用指示表调整面⑤的直角

调整面⑤的直角时，也可以用指示表测量，如图所示。

6）最后铣出与面⑤平行的面⑥就可以了。

面②的加工

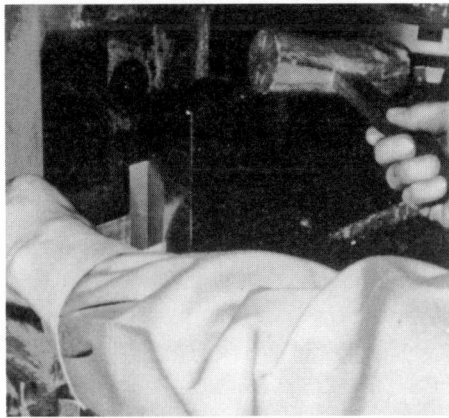

面④的加工

做出面⑤的直角

加工出面⑥

侧面铣削

"侧面"也是个平面。只不过这个平面要与工作台保持垂直。

移动工件，只要加工面可以上移，就没有什么问题了。但是，有些工件是无法移动的。

右图所示是在卧式铣床上安装面铣刀，铣削较大的侧面。这和平面铣完全相同，只要注意减少升降板的升降引起的断层差就可以了。

其他的侧面铣与上面的例子大同小异。板材侧面的铣削面积是无关紧要的。

实际上大部分侧面铣是分层铣的一部分，只不过在分层铣中侧面较大，或者要精加工侧面。

下面列出的图片都是分层铣中的侧面铣。为了满足不同的条件列出了不同的加工方法。

比如，同样是侧面铣，如果是斜刃铣刀，切削刃的方向不同，其锋利程度也就不同。在精加工时要尽量使用与斜刃的间隙角方向相同的一侧。

组合铣刀（87页）使用双刃侧铣刀铣工件时，如果安装方向相反，就可以抵消轴向力。

▲在卧式铣床上安装面铣刀进行侧面铣

▲使用面铣刀进行侧面铣

▲使用侧铣刀进行侧面铣

▲使用套式立铣刀进行侧面铣

▲使用立铣刀进行侧面铣

分层铣削

分层铣所使用的刀具很多。

层差小、宽度大的层用立式面铣刀①或卧式平铣刀②则效率较高。只是用面铣刀时，需使用刀尖形状为肩形的铣刀，或需用立铣刀取一定角度。

使用较多的是套式立铣刀、立铣刀和侧铣刀（单面铣刀③）。可使用的铣刀范围越大，铣刀的变动就越小，就可以进行高效率加工（如重铣）。

说是分层铣，其实也只有两个平面。因此，它也只是平面铣的变形而已。只不过要同时铣出两个平面。这样，根据不同的尺寸要求和抛光面的要求，会出现很多问题。

如果只对一个平面有要求，根据上述条件就可以确定铣削条件了。比如，侧铣刀为斜刃时，由于顺向的切削刃较为锋利，所以要求面和斜刃的旋向保持一致。此时，考虑到机用平口钳的安装情况，即使斜刃的旋向和轴心力相反，也是没有办法的。

同样是侧铣刀，如果是错齿刀，工件的方向就无所谓了。

分层的尺寸首先要考虑刀具。首先，提高升降台，使立铣刀的底刃轻触到工件，此时切入大约 0.01mm。

然后移动滑鞍，退出工件，提起升降台，移动滑鞍直到立铣刀圆刃接触到工件⑤。此时也切入 0.01mm 左右。

调整刀具时要使手柄的刻度在 0 点位置。组合刀具的标准都定在 0 点，以后的作业就会省很多事。

接下来就要根据手柄的刻度切入。立铣刀沿上下方向切入到直径也没关系，此时切入得越深，刀具就越不会弯曲。

用立铣刀进行精加工，要先进行底刃一侧的精加工。然后将升降台下降 0.01mm 左右，用圆刃精加工侧面。精加工时，顺铣效果比较好。

分层铣时必须注意立铣刀的锥度、弯曲和偏差。立铣刀有锥度，这是无法避免的。刀具如果没有偏差，不管锥度朝向哪方，都会铣出相同的角度来，所以加工尺寸要求高的工件时，要事先调查好刀具的直径。

① 用面铣刀铣大而浅的断层

② 用平铣刀铣大而浅的断层

③ 用侧铣刀从两侧铣削断层

④ 首先接触底刃

⑥ 整体切入

⑤ 接着与圆刃接触

⑦ 精加工时使用切削刃数较多的立铣刀

　　立铣刀的弯曲取决于它的直径和长度，也取决于切入深度。在精加工时，如果保持切入深度浅、移动幅度小，就可以忽视弯曲。但是粗铣之后，如果不对其进行测定，有可能成为不合格产品。

　　刀具的偏差也会影响精加工。精加工时刀具的负荷越小，在偏差较大的刀尖附近，也就是断层的底部被铣削的程度就越大。精加工时使用切削刃数多的斜刃效果较好。

　　侧铣刀的安装方法是：先接触侧面，降低升降板，适当地（最大幅度铣削）移动滑鞍，然后接触工件的上方。

制作斜面

图样以尺寸标示

在加工"斜面"时，可以将机用平口钳倾斜到所要求的角度进行加工，还可以将工件在机用平口钳上倾斜到所要求的角度进行加工。只要将所要求的角度加工出来，然后按照平面进行铣削就可以了。

其中关键问题是如何加工出"角度"。

图样上以尺寸标注和以角度标注，加工情况是不同的。

当图样上以角度标注时，只要使用安装有旋转台或倾斜台的机用平口钳，就可以很容易地加工出角度。但这种情况下由于刻度比较粗糙，必须用千分尺、角度尺等进行确认。

▲如果图样上是以尺寸标注的，要给机用平口钳确定一个角度再进行安装。先把紧固机用平口钳的 T 形螺钉的一面稍稍加固，另一面按照如图所示的方法用压板轻轻按住。然后，用刻度尺测出工作台 50mm 的移动距离，千分

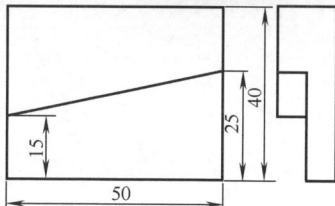

尺的指针相应移动 10mm 就可以了。为达到这一尺寸要求，可以以紧固的 T 形螺钉为中心，用木槌等轻轻敲打以移动机用平口钳进行调节。

◀当机用平口钳和支柱保持平行，在工件上加工角度时，其加工原理与机用平口钳确定一个角度进行加工时一样。如果工件个数少，就无需给机用平口钳确定角度。因为要一边用手压住工件一边进行调节，所以机用平口钳的紧固程度要凭手感来确定。

图样以角度标示

▲如图所示以角度标注时，这个角度要用量规来测量。使用如图所示的游标万能角度尺，可以将角度加工得非常精确（精确到1′）。另外，如上图所示，游标万能角度尺也可用于机用平口钳的安装。

▲如45°、30°、60°等经常使用的角度，可以先准备好游标万能角度尺作为安装时的基准。根据工件的宽度，可准备各种角度尺，将会非常方便。

▲如果角度是45°，就可以使用常见的 V 形块。如图所示为以 V 形块为基准的铣削。

▲有角度的工件也可以这样安装，即以一面为基准面平行安装。要在划线盘对准后划线。

制作 R 面

铣刀是适合于铣削平面的设备，用它来铣削曲面就比较困难。如果用它铣削曲面，除了如 104 页那样用手柄进行操作外，还可以如 86 页那样使用成形铣刀，除此之外再没有其他方法了。不过，成形铣削除使用成形铣刀外，还可以使用铣削 R 面（圆周的一部分）的专用铣刀。

如果使用卧式铣床，在 JIS（日本工业标准）中有装内圆铣刀（单面铣刀）的，还有装组合铣刀（双面铣刀）的，但是使用频率很小。

如果使用立式铣床，可以使用加工过的双面刃铣刀的刀尖部分。经常加工 R 面的地方，都备有这样的铣刀。

无论如何，只要使铣刀相配合，按照要求的尺寸铣削，移动必要的长度，就可以铣削出与铣刀一样的 R 面。

问题是铣刀如何组合。就像相互连接的两个平面一样，曲面也必须相互连接。切削得太深，就会出现断层。

R 面的切入，可以从两个方向进行，即上面和侧面。因此，铣刀的组合也要顺着这两个方向。

采用图 1 所示的铣刀，将工件的上表面和铣刀的曲面组合好就是图 2 所示的情况。只要直线和曲线平滑连接上，就可以移动工作台进行铣削了。如图 3 所示进行铣削，完成后就成为图 4 所示的样子，移动座板形成图 5 所示的样子。

然后从侧面进行铣刀组合（图 6）。铣刀组合好，就提高升降台铣削（图 7）。之后的操作相同。

如图 8 所示，无论从哪个方向切入，只

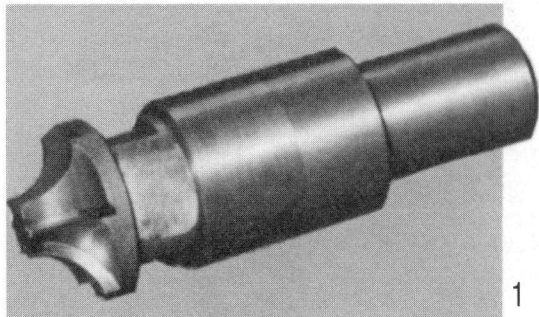

2

3

要铣刀有所滑动，就需要确认直线和曲线的连接程度。

如图 9 所示是试着用两种切入方法进行加工。工件表面没有任何断层，平滑地连接在一起。如果不要求完全的 R 形，只加工成适当的圆弧，就可以先不考虑 R 的尺寸，只需用划线确定出 R 面的位置，按照划线加工如图 10 所示的面。

7

4

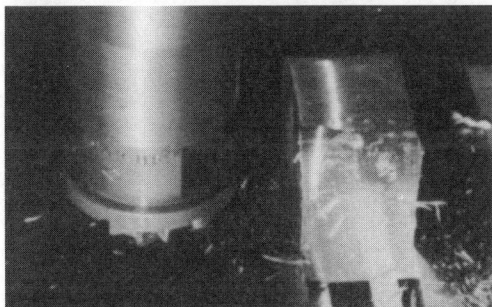

8

5

9

6

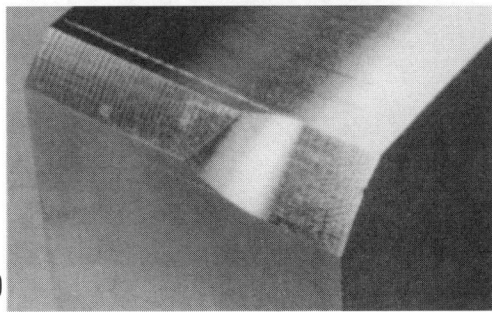

10

组合铣刀

使用车床时要移动工件使其接触工件。先稍加切削，然后测定外径，将其作为车削的基准。铣床的操作与此相同。所谓"组合铣刀"就是这个意思。

待铣削部分不平时，要移动工作台，使铣刀接触最突出的部分（上面或侧面），用滑鞍或升降台进行加工。

如果铣削部分一开始就是平面，特别是基准面时，就可以直接以它为基准来确认尺寸。但此时要特别注意

铣刀的适配。

以从上表面切入为例。

1 ═══════════════

最简单的做法是先旋转铣刀（立铣刀），再手动一点点抬高升降台。然后移动铣刀直到接触到工件材料的上表面为止。大约切入 0.01mm。如果此处切入得太深，要记下此时的刻度，先降低升降台，再抬高使其刻度比前一刻度提高 1~2 个刻度，查看铣刀的接触情况。此时手柄的刻度盘要对准 0 刻度。

当铣削到一定程度，或

者能够目测判断时，就可以按照观察到的量挪动刻度盘使之对准。

2 ═══════════════

也可以先放上纸，再提高升降台，用手移动纸，直到挂上切削刃。由于纸的厚度可以用千分尺测定，所以可以准确地留出间隙。使用这个方法在工件或机用平口钳口垫片上组合铣刀时，要在纸上粘上油再贴，以防掉下。转动铣刀，带动到纸可以移动就可以了。

3 ═══════════════

移动工件时，要停止铣刀的运动，用手移动工件，提高升降台，直到挂到铣刀上。

▲使工件挂上刀头

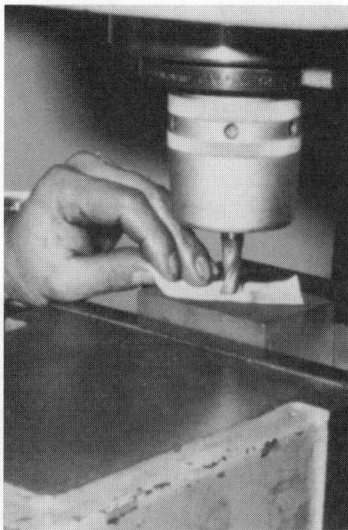
▲放上纸

▲移动工件

去除毛刺

切削金属时，除了铸铁外其他材料都会出现毛刺。被切的材料不同，刀具的形状、锋利程度、铣削条件等不同，出现的毛刺也不同。俗称的黏性材料会大量出现毛刺。

毛刺的生成原理比较复杂，在此不作详述，但进行铣削加工的人应该心中有数，必须要去除毛刺。

1

在等待加工下一个工件的时候用锉刀去除毛刺，是高效率的做法。但是正如切屑会硬化一样，毛刺一般也会变硬。

2

如果工件较大，可以把它紧紧按在工作台上以去除毛刺，这样更为安全。

3

有经验的人都应该知道为什么要去除毛刺。首先是为了防止割到手等，其次是为了测定尺寸。因此，加工过程中要测定尺寸时必须去除毛刺。

使用锉刀去除毛刺时应

▲如图所示为用正面铣刀铣削钢材（S30C）。沿着铣刀的前进方向（如图所示的前方）和铣刀离开工件的方向，分别出现了相同的毛刺。

考虑锉削的方向。逆向锉削，会被卡住，锉掉的也是变硬的毛刺。如果顺向锉削工件和毛刺连接的部分，毛刺就会自然掉下。

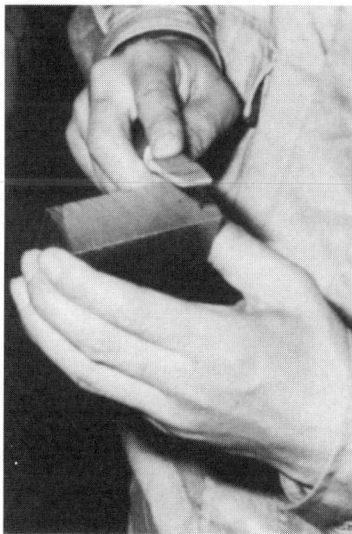

▲一定要去除毛刺

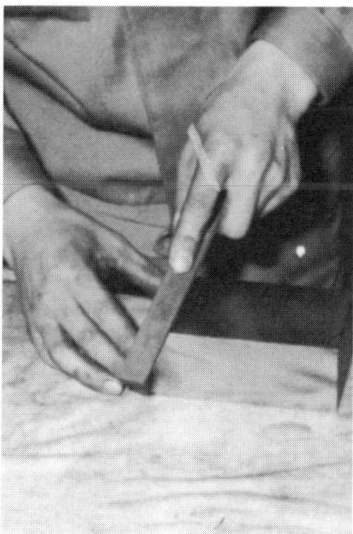

▲大工件的去毛刺如图所示

▲在加工过程中测定尺寸

铣床和车床不同，铣床是旋转切削刃进行铣切的。因此，当然要在主轴上安装铣刀进行铣削，而且如果刀尖处于良好的状态，会达到非常高的效率，还可以切出非常平滑的精加工面。

平面铣削时，立式铣床一般使用面铣刀。面铣刀是在主轴上安装圆板，这个圆板的外围安装着几把铣刀。铣刀的数目越多，效率就越高。只是这需要几把铣刀同时加工。

但是实际上面铣刀的刀齿并不一定会完全一致地工作。比如加工斜纹纹路的精加工面，从刀片标记的周期来看，四个齿中有一个切削程度很大，接下来的一个齿基本上没

阶梯形面铣刀

起作用（线的间隔比较宽），后面的两把铣刀切削程度很轻。这样的情况在同一周期中不停地反复着。

钢材的阶梯形面铣刀

下面为钢材铣削的例子。

① 如图①所示为支架和两个刀头。支架的柄是锥形或直的，最好是拉拴式的。在第16页也出现过。

② 粗铣用的刀头要按图②所示的方法研磨。

③ 精加工用的刀头要按图③所示的方法研磨。

④ 因为精加工用的刀头，要用于粗铣之后的加工，所以外端面要做得比粗加工刀头低 0.5mm 左右。

⑤ 用粗铣刀头稍加铣削，使升降台下降

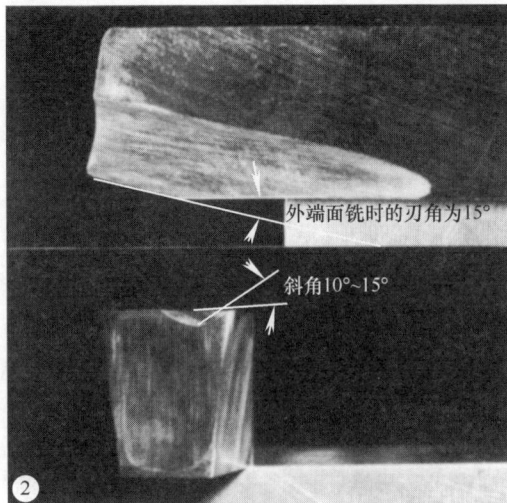

外端面铣时的刃角为15°

斜角10°~15°

这样的情况是会经常出现的。

铣削时在面铣刀的刀尖上用粉笔画下记号。如果有哪个切削刃不起作用，就会留下粉笔印。

如果这样，就可以减少刀片，使每一个切削刃都起到作用。利用刀尖的形状来提高效率及精加工面的精度，会更加节省成本，重新研磨也会更简单。

所谓阶梯形面铣刀，就是在支架上安装两个刀头，用其中的一个进行粗加工，另一个用于提高精加工面的精度。

而且，由于精加工时的铣削量少、阻力小，所以即使是铣削钢材时，出现的毛刺也非常少。

在铣削如图所示物件的平面时，操作工序没什么不同，但由于使用了硬质合金的面铣刀，去除毛刺就会非常困难。

此时如果使用阶梯形面铣刀，尽管铣削时间变长，但是去除毛刺却非常简单。如果算上抛光的时间恐怕还是这种方法所用时间更短。

0.1mm左右，使精加工刀头的刀尖接触铣削平面。

在距离粗加工刀头所切的线 0.55mm 的位置切出 0.1mm 的厚度，再用宽刃刀片进行抛光，即可一次成形。

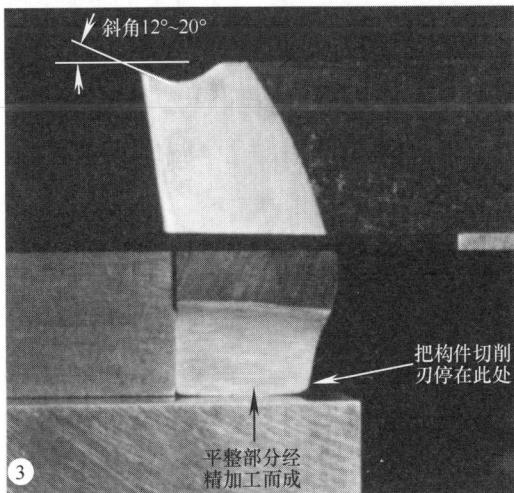

斜角12°~20°

把构件切削刃停在此处

平整部分经精加工面成

③

④

⑤

成形铣刀

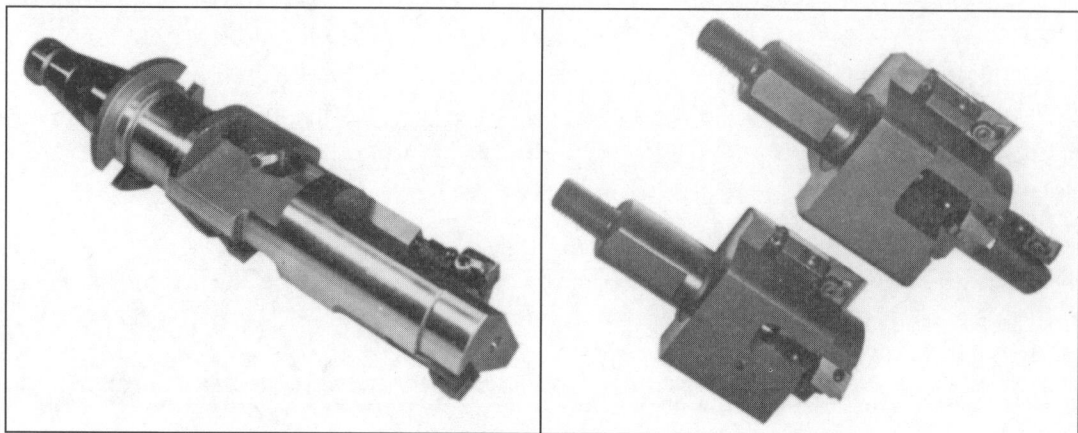

根据所需形状制作刀片，即使是复杂的形状也只需铣削一次即可完成加工的就是成形铣。

采用成形铣时刀片的制作费用会变得特别高，但是一次加工就可以铣出形状复杂的工件，所以十分便利。

不管是卧式铣床还是立式铣床，其操作都比较简单，只要进行必要的切入和适当的移动就可以了。

比较简单的是外圆、内圆和角度的铣削。

成形铣刀无论怎样都会把力量集中在刀尖部分，强度较差的切削刃部分会先被磨损。

如果是有复杂曲面的工件，根据各部分曲面的不同，铣削条件也不同，精加工面不能都一样，所以刀片的设计（各角度的选定方式等）也就会更困难了。

成形铣刀多用于卧式铣床。立式铣床多用于孔加工。如多级凿岩机、多级钻孔器等。因为移动工作台的成形铣和铣槽（96页）一样，卧式的更方便，所以立式成形铣刀更多采用多刃刀片的方式。

▲用卧式铣刀进行加工的情况。请看刀片的形状和工件的形状。

组合铣刀

只要空出一定间隔，安装侧铣刀进行铣削，即可削掉两侧而留出一定尺寸。

像这样把铣刀组合起来使用的方法叫做组合铣削。这是铣削螺栓头时常用的方法。

组合铣刀中最常使用的是侧铣刀。

组合铣刀大多用于铣削可直线成形的工件，因为这样的形状采用组合铣刀比起个别制作铣刀费用稍低。

组合铣削要与条件最差的铣刀相配合。只有这样，才能考虑到包括铣削余量在

▲同时加工 3 个槽

内的关于组合铣刀选择的各种各样的问题。组合铣刀有

时也可以用于立式铣床。

▲铣削掉两侧

▲立铣刀盘也可以使用

▲组合了多达 14 个铣刀

切断和

磨铣

切断所用的铣刀叫做"metal saw"，直译就是"金属锯"。

把待切断的工件按尺寸加工后，工件即被切断。

但是，对于较薄的工件，如果勉强用力，马上会出现破损，因此必须注意铣削的速度、送料等。一般来说，操作可采用手动方式，因为一旦铣刀切断不顺畅，手马上会感应到，能够立刻停止操作。当然，也可以用机械操作，但是在开始切入时还是应该采用手动操作。

刀片对齐、确定尺寸的方法等和其他铣削加工是一样的。

使用"金属锯"的操作，常常会因为铣刀脆弱易断、多采用手动操作而不受欢迎。但是，这种方法与锯盘切断相比不仅要快得多，其切断面也特别直，可以直接在后面的加工中作为基准面使用。另外，虽然一个一个地切断成某种特定形状很麻烦，但是如果能预先做一个和它断面形状一样的工件（称为异型棒），那么效率就能大大提高。

有一种和切断刀相似的铣刀，叫做磨铣刀。正如其名，它是用来磨铣的。从外形来看它几乎和"金属锯"完全一样，那么其差异在哪里呢？

因为切断刀是用于切割的刀具，所以从刀尖到中心越来越薄。但是磨铣刀却没有这样的角度。原因是磨铣刀不会切入到比刀尖部分更深的地方。

所以，虽然可以用切断刀来进行磨铣操作，却不能用磨铣刀进行切断操作，因为磨铣刀有可能导致工件破损。

▼即便直径相同，锯齿的多少也有差异

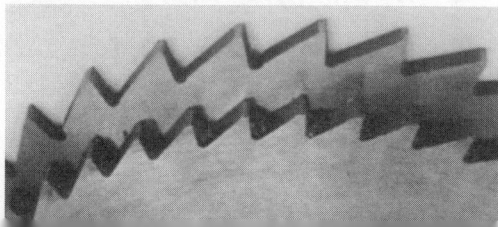

▲切断的位置，应尽量靠近机用平口钳的金属卡口，把固定卡口安装在切断受力一侧。

▲根据工件材料的不同，可以直接将其安装到工作台上，也可以在工作台T形槽上切断。

▲进行几个尺寸相同工件的切断时，可使用定位装置（见右图）。另外，当材料变短，受力集中到机用平口钳卡口一侧时，可以在卡口的对面塞入相同尺寸的东西（可以是经切铣过的）以保持卡口的平行。

▲也有反向铣法。这种情况下即使刀具受力过度，由于刀杆螺母可动态调整，也不会损伤刀具。

▲有的有键槽。虽然键能让刀具承受一定的冲击，但也不能使用太硬的材料。从切断的角度来说，反而是用稍软材料做的键更好。当刀具受到强力冲击时，键若是相对较软就会先断裂，从而保持了刀具的完整性，因此键也是一种安全装置。

▲在立式铣床上也可以使用

铣孔

立式铣床也经常用于铣孔操作。因为是铣床，所以不会像钻床那样用钢钻钻个孔就完了，一般都要进行后续作业，即进行孔的精度改良作业。与依靠划线来确定孔的位置的钻床相比，铣床有时也用来进行精度要求较高的加工。

最适合加工孔的当然还是钻床。铣床铣孔一般是使用立式铣床，会根据铣床的构造用到类似于钻床的主轴下降法和升降台上升法。虽说同为降低主轴，铣床的主轴与钻床相比，精度要高得多。而且由于功能的关系，孔的深度等指标都可以确定得更为精细。还可

根据工艺要求精确定出孔深。图①所示是主轴结构可以降低的铣床。如图②所示借助分度盘、微动轴环，可以精确到0.01mm，还可以和千分尺一起使用来进行测量。

双刃面铣刀也可以用来铣孔，它类似于没有斜刃的钢钻。图③所示是直刃的双刃面铣刀，通过升降台上升法来铣孔。切削刃部分可以一直铣到最里面。

近年来常常用到右旋铣刀，就是和钢钻一样的面铣刀（见图④）。双刃面铣刀的头部也和钢钻一样，有图⑤、图⑥所示的直刃和图⑦所示的左旋刃。如图⑧所示，右旋刃也可做成左右不对称的形状，以便

于排出中间的切屑。

如果铣刀多于两个，铣刀将不能到达中间部位，因而不能直接铣削。

③ 直刀双刃立铣床的铣孔

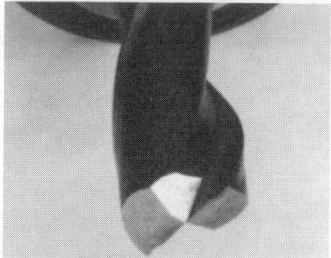

④ 右旋面铣刀

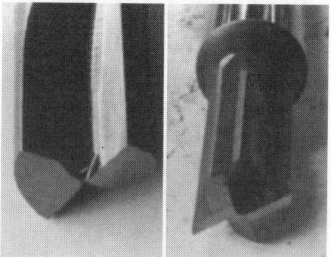

⑤   ⑥

⑦   ⑧

① 主轴结构可降低的铣床

② 和千分尺一起使用来确定尺寸

修孔

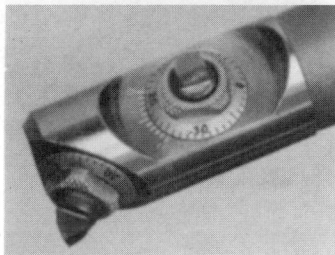

① 小孔专用铣刀

② 可调整铣刀的出入

通过内孔铣刀可以对钢钻或立铣床打下的粗孔进行修整。

因为铣刀能转动，可以从主轴上挪动铣刀来调整尺寸。图①所示是小孔专用的铣刀，可以像图②所示那样微调铣刀的出入。

使用范围更为广泛的是如图③所示可以更换圆柄铣刀的装置。这样就可以较大幅度地移动铣刀。当然也可以像图④所示那样进行0.01mm的微调。

测量孔的尺寸时，可使用塞规、内径测微计、内径指示表等工具。在使用内径指示表时，有时即使把升降台降到最低，还是会碰到铣刀。这时，只要在主轴上标上记号（如图③所示主轴上的 X 符号），卸下铣刀刀柄进行测量。之后对

照着记号的方向重新装上铣刀刀柄，就不会出错。

③ 大孔的加工使用如图所示的轴承保持架

④ 可以精确到 0.01mm

▲小孔的修整

▲大孔的修整

定孔心

在立式铣床上"定孔心"，就是让刚刚打出的孔的中心和主轴中心重合。定孔心是对打出的孔进行镗孔加工不可或缺的一步。

方法非常简单，首先，要在主轴上通过弹簧夹头或钻头夹盘安装指示表，由于多是小孔，所以一般会用杠杆指示表；然后，取下主轴的变速齿轮（使其处于中立），用手旋转主轴，一边移动工作台和座板，一边观察指示表，直到指示表刻度稳定下来为止。

这时，在立柱上安装另外一个指示表，边看刻度边调整工作台和座板，直到其指针和前面定孔心用的指示表偏转角度相同就可以了。

以较大的一个孔为基准，加工与此孔同心的孔的内外侧。此时要用到圆形工作台。可以直接把工件安装到圆形工作台上，也可以使用三爪自定心卡盘，和定孔心操作是一样的。在主轴上安装指示表，旋转圆形工作台直到指针稳定就可以了。这个过程也和车床相同。

只要能做到让圆形工作台和三爪自定心卡盘中心重合，就不会出现问题。即便有问题，也是出现在卡盘精度和卡盘安装等方面。

若不使用三爪自定心卡盘而直接在圆形工作台上安装，其方法和104页的圆周切削一样。

▲把杠杆指示表安装到主轴上

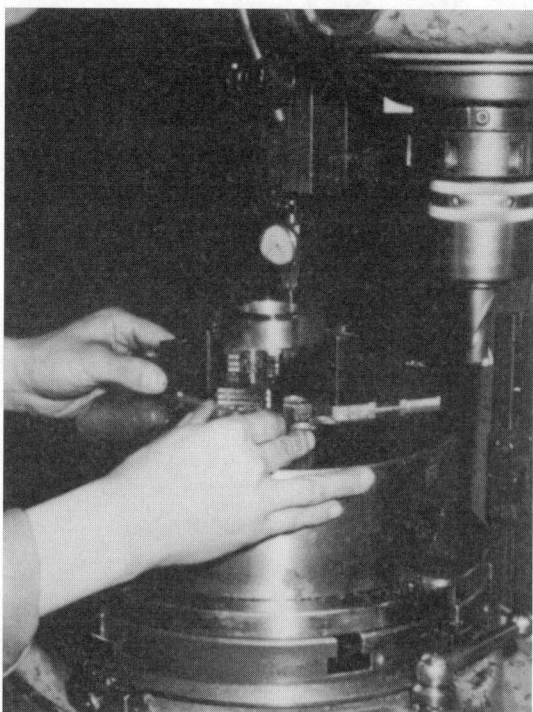

▲转动圆工作台，确认中心的偏移度

定两面间的中心

在工件中心进行铣孔、铣槽等操作时，必须保证主轴和中心对齐。如果用立式铣床，钢钻、面铣刀等是不可或缺的工具。

按照下面的顺序确定钳口板间的中心。

① 定心杆	有一种确定中心专用的杆，它需要和弹簧夹头一起使用。这种杆如果偏斜将会造成很大的麻烦，所以用之前一定要先确认其是否笔直。	⑤ 两边的差很小时	两边到中心的差变得很小时，试着在两边塞一些纸，可以大大提高尺寸的精度。
② 确认有没有偏差	把指示表安装在定心杆上，寻找最大点和最小点。这两点应该在相对的两侧。在这两点的直角方向上应没有偏差。	⑥ 用刀具直接定中心	有时用立铣床直接操作。这时候，必须让切削刃（斜刃用前端）和钳口板垂直下刀。量块从退刀面放入。
③ 定心杆接触钳口板	钳口板间的尺寸等于切削材料的宽度减去定心杆的直径。中心就在到两边距离都为上述尺寸一半的地方。首先让定心杆和钳口板的一边接触。	⑦ 用指示表确定	如果用指示表就会简单得多。当指示表的刻度盘在对面一侧不便读数时，可以使用镜子，但要注意读数是左右相反的。
④ 确认两边的尺寸	将定心杆移到设备刻度一半的地方，用量块等确认定心杆两侧的尺寸。	⑧ 确定中心的夹具	使用T形针对齐划线，若能使用这种辅助工具，就可以立刻画出中心线。

在 *XY* 坐标系下指示角度

▲打这种孔时，使用立式铣床比使用钻床精度更高

钻孔、铰孔这些作业本来在钻床上操作效率会更高。但是，在立式铣床上也经常进行这些操作。

这样做是为了提高精度（包括尺寸精度和位置精度）。

钻床的位置精度是由划线确定的。尺寸精度受到主轴构造差异、铰孔尺寸等的限制。而铣床的主轴更加坚固，即使没有划线，也能利用工作台和座板很好地确定位置。孔的尺寸也能够借助指示表等自由测量。

正因如此，如果要以不同的角度处理好几个大小不同的孔，对精度要求高的时候常会用到立式铣床。

这种情况下，如果有一个中心且几个孔在同心圆上被等分，只要使用圆形工作台按一定的角度切割就可以了。但如果是在四边形的某个基准面上确定一个基准孔，由此基准孔按指定的角度和尺寸操作，或者是孔的位置以圆的中心为基准进行确定，虽然也要看具体条件而定，但如果用 *XY* 坐标系指示角度就会又快又省事。

也就是说，用三角函数把角度和半径换算到 *XY* 坐标系（工作台和滑板）上，不仅可以省去拆卸沉重圆形工作台的麻烦，而且也更安全。

其次，在直接用圆形工作台指示角度的情况下，角度读数的细小差异、圆台中心轴和蜗轮的摩擦等产生的误差会积累下来，最后导致产生较大的误差。但如果换算到 *XY* 坐标系下，因为在所有的基准面上尺寸是一样的，就不会导致误差的累积。

各个孔的位置由各自对应的 X、Y 坐标（圆工作台和滑板的移动距离）来确定。可以比较一下计算与移动沉重的圆形工作台哪个更省力。

当然，在生产管理比较先进的大公司里，有人认为让操作人员做这样的计算不合适，因而把预先计算出来的结果换算到 XY 坐标系上，然后直接放在流水线上。但是，另一些人却认为铣工理所应当要做这样的计算。

而在中小企业里，还是必须靠自己完成计算。

实际上做这样的计算，并没有什么问题。但如果一次同时计算几个孔会有些麻烦。

如果是等分割，因为相关的位置已经确定了，所以不需要一个一个地计算，只需要把圆的直径系数代入三角函数中算出 XY 坐标即可，非常简便。

本页表格中的数字是把圆的等分在 XY 坐标系上进行换算时的系数。把这个圆的直径设定为1，那么只要确定了任意一个孔的位置，就能在工作台和座板上找到所有孔的位置。系数乘上直径，便可算出尺寸。

圆的等分位置在 XY 坐标系上换算的系数

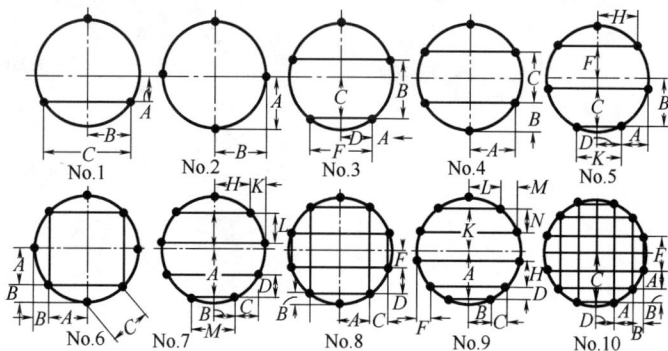

编号	孔数	A	B	C	D	F	H	K	L	M	N
1	3	0.25000	0.43301	0.86603							
2	4	0.50000	0.50000								
3	5	0.18164	0.55902	0.40451	0.29389	0.58779					
4	6	0.43301	0.25000	0.50000							
5	7	0.27052	0.45049	0.33922	0.21694	0.31175	0.39092	0.43388			
6	8	0.35355	0.14645	0.38268							
7	9	0.46985	0.17101	0.26200	0.21985	0.38302	0.32139	0.17101	0.29620	0.34202	
8	10	0.29389	0.09549	0.18164	0.25000	0.15451					
9	11	0.47975	0.14087	0.23701	0.15232	0.11704	0.25627	0.42063	0.27032	0.18450	0.21292
10	12	0.22414	0.12941	0.48296	0.12941	0.25882					

铣槽

铣槽也经常使用铣床。铣槽可分为许多种类，最有代表性的是在圆棒（轴）上铣楔形槽。

用面铣刀铣削

在圆棒上铣槽的第一步是让刀片和圆棒中心对齐。在使用立式面铣刀的时候，刚开始要用和槽的宽度大小相近的面铣刀在圆棒上端稍微切削，见图①。切削幅度（也就是铣刀的直径）要比槽的宽度稍小一些。这时，若刀片偏离圆棒中心太多，就会在某一侧形成台阶。得到一个没有锯齿的平整面之后，再轻轻将刀片与平面对齐。若底刃切削出的圆在平面上两边均等，就说明刀片对准了圆棒的中心。如图②所示，左边那个刚好对准，而中间那个偏向对面一侧（图中为向上），右边那个跟前一侧大概有 0.1mm 的偏差。只要能目测到这种精度，大部分的槽都会达到合格。

如果需要更加精确地开孔，可以使用 93 页的方法。

可通过升降工作台来决定深度，移动工作台来确定长度。

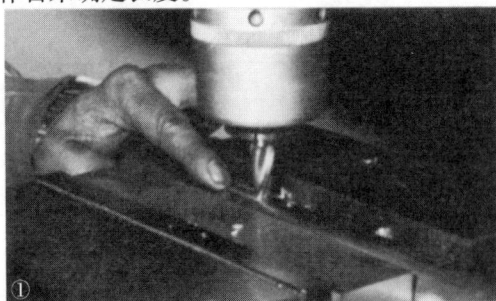
①

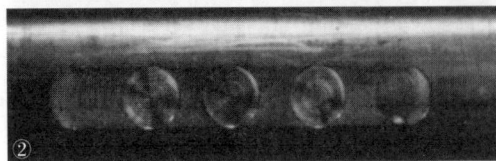
②

用侧铣刀铣削

在卧式铣床上侧铣刀主要用来铣削较长的槽。如果槽很长，侧铣刀就比面铣刀效率更高（因为可以快速进刀）。

①

②

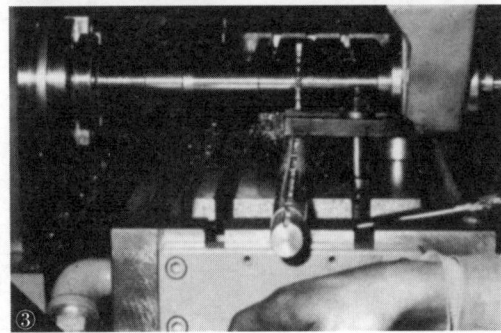
③

当工件伸出工作台的距离较长时，最好用夹紧件将其直接卡在工作台上，如图①所示。

这种情况下刀具组合要像 82 页所讲那样用纸辅助。把滑动座架滑到圆棒直径的一半、纸的厚度和刀具宽度的一半，刀片就能正好和圆棒的中心重合。

铣削长轴时，随着工作台的移动应该同时把对面和中间的卡子移到靠近自己一侧，以保证轴能卡在刀具的两侧，如图②所示。

对于超出工作台的部分，应该在中途停止操作，然后把它移到一边，和停止的刀片固定在一起，如图③所示。

铣槽时必须注意面铣刀的直径和侧铣刀的宽度。

多次研磨过的刀具，其尺寸当然会发生变化（即变小）。侧铣刀的宽度变化较明显。如果不能像图④所示正确标示尺寸，就会出现不必要的麻烦。图④所示是直径、宽度都缩小了的刀具。

当侧铣刀的圆弧不能完全铣到槽需要的长度时，就要在立式铣床上用面铣刀完成剩余两端部位的加工。铣刀要和槽垂直，可以

④

用侧铣刀和立铣刀铣

像图①所示那样找根合适的棒安装到槽里，通过简单的目测来确定是否垂直。如果想要更精确，可以在槽中放入量块等工具，再用直角尺调节垂直度。

当侧铣刀的圆弧无法更多地放入槽内时，也可以改装在立铣刀上，用立铣刀疏通其底部。对于已加工好的槽可以将合适的棒安装到槽里，通过观察其水平度来目测是否垂直。

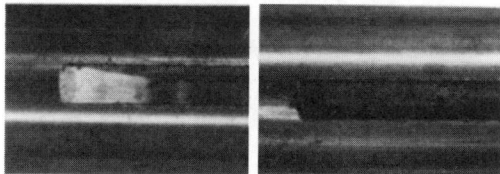

▲左边是侧铣刀，右边是面铣刀刻出来的端部

▲T形槽出现在这些部位（○记号）。

铣 T 形槽

上图所示是某个铣床工作台的周围部分。上面有几个T形槽。之所以称为T形槽是因为槽的形状酷似字母T。

铣T形槽的工具是"T形槽铣刀"，就是所谓的T孔刀。

日本工业标准（JIS）中有关于T形槽的规格标准，根据基本尺寸规定了各部分的尺寸大小。并且，为了和T形槽的基本尺寸相对应，对T形槽铣刀的尺寸也作了规定。因此，只要能和T形槽铣刀的中心相对应，尺寸方面就不会有问题。

T形槽铣刀的尺寸就是T形槽允许偏差的最大值。这种设计是为了使刀具即便因磨损、修整而变小，也能在一定程度上继续使用。

在上图中，T形槽对尺寸精度要求高的只是那些位于工作台上面的部分。其他的T形槽只要能放入螺栓就够了。铣T形槽时的注意事项和铣其他槽时一样。

虽然对尺寸、加工的要求都不高，但是用T形槽铣刀进行切削还是比较麻烦。T形槽铣刀的切削刃部分被完全包住了，因此排除切屑的效果很差。更为糟糕的是，铣槽基本都是在铸铁材料上进行，这就更加容易造成切屑堵塞。

另一方面，T形槽铣刀的上下两侧及周围的切削刃会一同运转。由于前面部分较细，极易造成堵塞。正因如此，用T形槽铣刀进行切削最应该注意切屑的排出问题。如安装压缩空气管道，就可以吹走切屑。

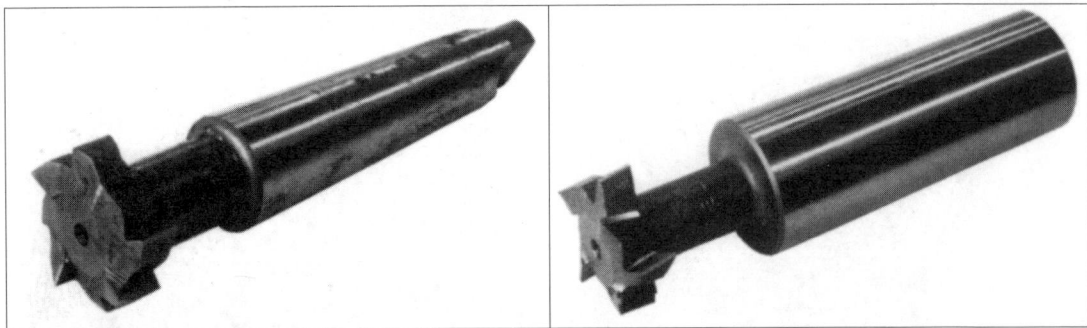

▲T 形槽铣刀（右边是错齿铣刀）

98

T形槽铣刀多用错齿铣刀。

尽管对T形槽的尺寸精度要求不高，但作为商品也必须重视其外观，所以开始切削时先不对底部进行加工，留下加工余量，到最后用T形槽铣刀底刃对槽的底部进行精加工，因为从外面看底部最为显眼。

与之相反，有一种加工方法对于那些和T形槽功能没有关系的底面，一开始就铣削得很深，以便减轻铣刀的负担。

① 首先铣槽，然后用气流把切屑吹走。

④ 稍微切入，留下加工余量，确认铣刀周围的情况。

② 然后让T形槽铣刀和上面对齐。

⑤ 之后只要正常切削就可以了。

③ 按照尺寸升高工作台。

⑥ 最后倒角。

铣楔形槽

▲ 楔形槽（凹槽）的加工

▲ 凸槽的加工

"楔形结合"是一种在日本木质建筑中使用的结合方式。相同形状的东西在机械设备中也有使用，但不是结合方式，而是使滑动

燕尾槽

鸠的尾巴

▲ 鸠尾巴

面互相保持稳定的一种方式，我们称之为"楔形槽"。严格来说，突出的凸槽是"楔形"，凹进凹槽是"楔形槽"。

从其结构上来讲，必须让凹槽、凸槽的顶端及中央部分留有余量，并且在实际使用中，凸槽和凹槽咬合的地方一定会放入扁栓来调节变动状态。

楔形槽的凸槽和凹槽相互成 60° 角咬合，其尺寸的确定也和一般情况不同，总之不能直接测量得到。

铣削的过程没有什么特殊之处，一般来说是用俗称楔形铣刀的 60° 偏角铣刀完成加工。其尖端非常脆弱，必须多加注意。关于角度，只要让铣刀正好成 60° 角就没有问题。

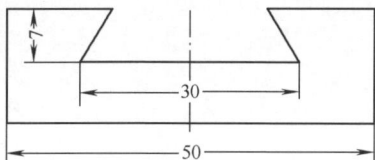
图1

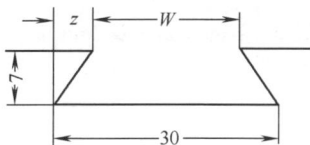
图2

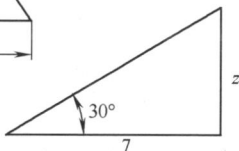
图3

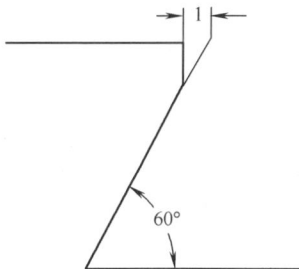
图4

▲首先铣削中央的槽

▲然后用楔形铣刀切入

问题在于测量。

其实是通过计算确定的。

下面以图1所示为例进行说明。首先必须计算出中央处槽的宽度。由图2可知

$$W=30-2z$$

从图2、图3可得到

$$z=7mm \times \tan 30° = 4.04145mm$$

将其代入前面的式中可得

$$W=30-2 \times (7 \times \tan 30°)$$
$$=30mm-8.083mm \approx 21.92mm$$

因此，只要在中央铣一个宽度为21.92mm的槽就可以了。楔形槽也要限定极限大小。

如前所述，成60°角的尖端部分必须倒角（见图4）。如果能把倒角尺寸稍微向两侧扩大一些，就不用倒角了。另外，如果算出中央槽的宽度，作为基准的从外侧开始的尺寸也就知道了。这样一来，位置也就确定了。

一旦确定了中央槽的尺寸和位置，就可以用楔形铣刀来加工了。因为铣刀很容易破损，所以采用顺铣方式。试切一次后，退回铣刀。此时测量一下，看看是否符合规定的尺寸要求。

楔形槽的测量

楔形槽的尺寸不能像 100 页那样直接测量，全部都要通过计算来得到。

虽说是计算，但也要先进行各种测量，测量时需用圆杆。

将圆杆放入成 60° 角的槽中，只要其圆周和槽有两个接触点，能从外侧进行测量就可以了。假设圆杆的直径是 8mm，计算如下

$$d=10+y+r$$

如图 1 所示，可得到

$$\tan 30° = \frac{r}{y}$$

所以

$$y= \frac{r}{\tan 30°} = \frac{4}{0.57735} \text{mm}=6.9282\text{mm}$$

将其代入前面的算式，可得

$$d=10\text{mm}+6.9282\text{mm}+4\text{mm}=20.9282\text{mm}$$
$$\approx 20.93\text{mm}$$

如图所示将圆杆夹住，用千分尺进行测量，直到切削到这一尺寸为止。

加工好一边后，设其底边为 30mm，其槽的尺寸也不能直接测量，而要如图 2 所示那样进行计算。

$$x=30\text{mm}-(2y+2r)\approx 8.15\text{mm}$$

要从一边开始切出这个尺寸，而 x 值的大小，也可以作为楔形槽的极限值。

那么凸槽又如何计算呢?

如图 3 所示，可得到（参考 101 页的图 2）

$$B=A+2z$$

需求出 B 的大小。

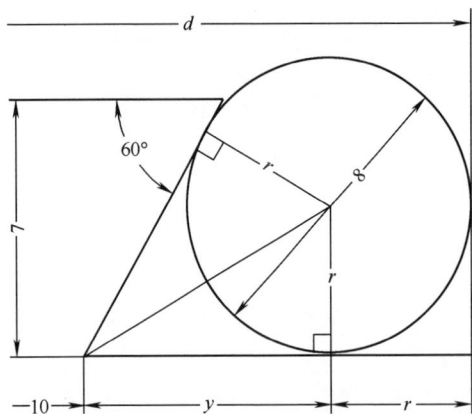

图 1

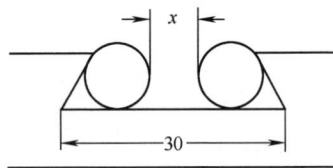

图 2

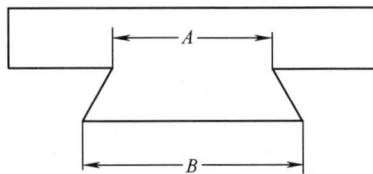

图 3

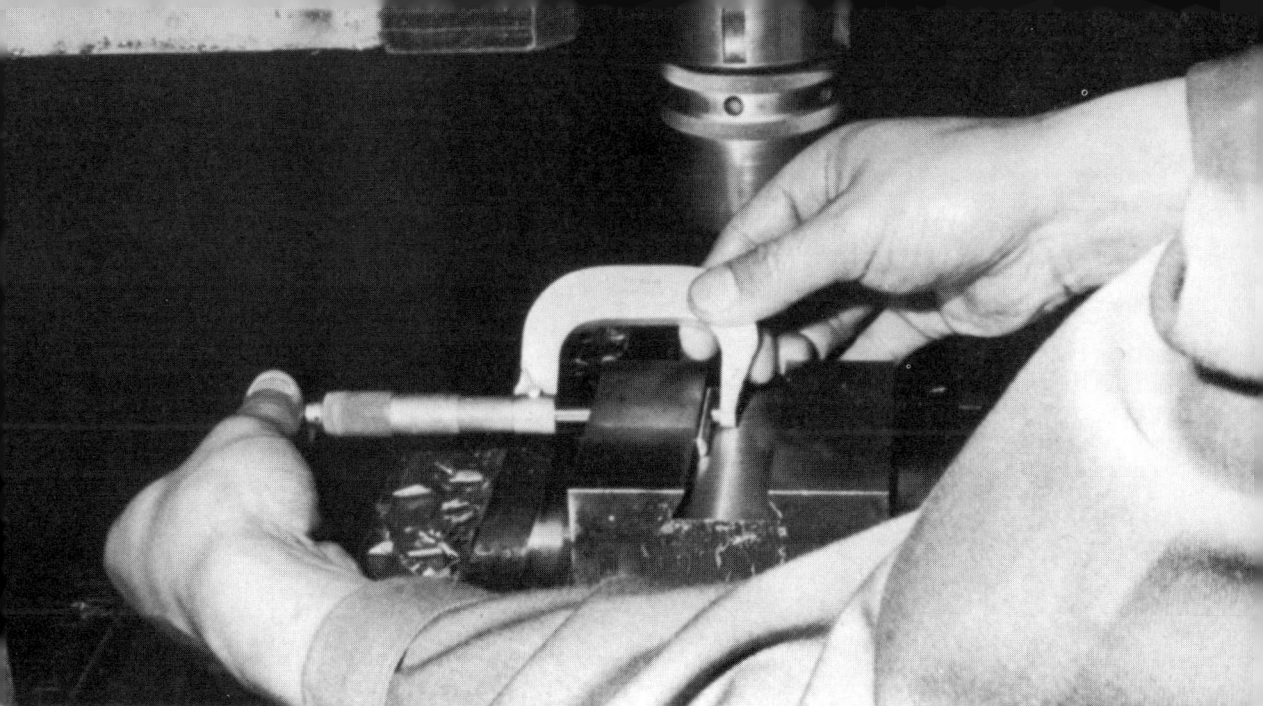

▲测量楔形槽时可使用圆棒。

如果已知图 3 所示的尺寸 B，就没必要再计算了。当然，不管遇到哪种情况，都和凹槽一样，实际上的倒角尺寸可以稍小一些。

然后切削出 60° 角部分。此时的测定与图 1 中的 d 相同，要测出图 4 所示的 t。

$$t=r+y+A+Z$$

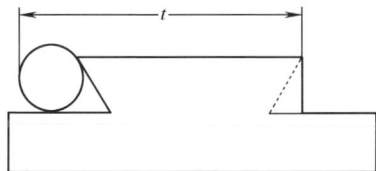

图 4

切削完一边以后，再切出另外一边，形成和图 1 背对背，将 d 的数值放大两倍就形成了图 5 所示的 X，计算如下：

$$X=A+\left(\frac{D}{\tan 30°}+D\right)$$

式中 D 为圆杆的直径。

当然，楔形槽也有极限值。但是即使有极限值，只要按照正负的尺寸计算出来，使数值在极限范围内就可以了。这一点和其他加工都是一样的。

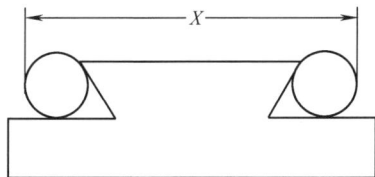

图 5

103

曲面铣削

有一种操作方法是两手同时操作鞍座和工作台的摇柄来切削曲面。使用的刀具是面铣刀。

切削曲面有很多情况，既有单纯的 R 曲面，又有由圆弧和直线组合而成的曲面，还有由有几个曲面连接而成的曲面。一般情况下加工次数不会很多，对精度的要求也不太高。

操作时需要打格线来进刀。

操作时必须两手握住鞍座和工作台的摇柄，以保证姿势，使操作顺利流畅。这就要求把台虎钳（或是工件）安装在工作台靠左的位置。

在有凹曲线（向内侧弯曲的线）的情况下，要使用比其最小半径更小的面铣刀。另外，根据进刀方向，面铣

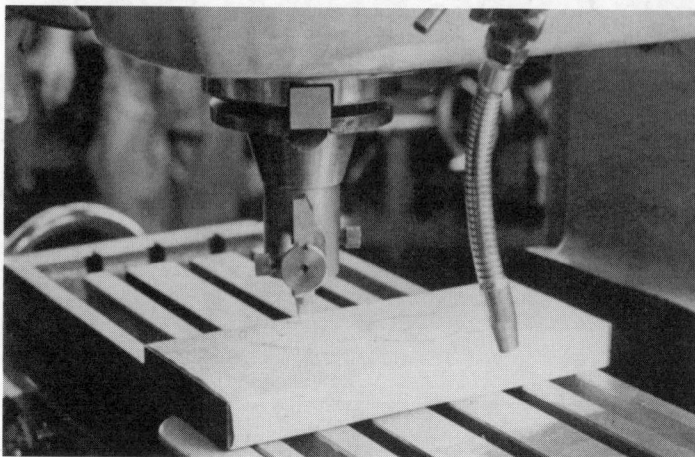

▲将铅笔固定在主轴上，通过操作摇柄练习画曲线

刀有自动切入和退出的情况，操作摇柄时必须考虑两者转换点的间隙。

有一个很有趣的方法可以练习这种摇柄操作，并且同样适用于铣床操作。具体做法是用弹簧将铅笔竖直安装在某处，然后在工作台上放一块板，在板上放一张纸，再把刚才的铅笔立在这个装置上，通过操作摇柄移动工作台，进行画曲线的练习。

这样一来，即使没有工件也可以不断练习。

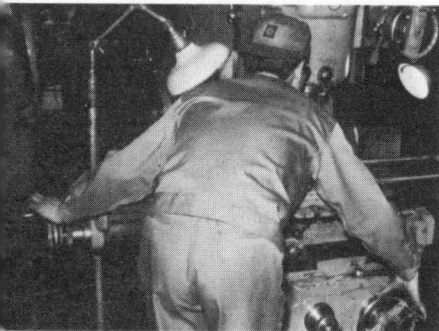

▲加工时的姿势

▲切削单纯的 R 曲面

▲由圆弧和直线构成的曲面

由外周定心

▲把和轴毂直径相近的圆棒装到钻头卡盘上，用刻度尺定心

▲看不到刻度盘时使用反光镜观测

对和轴毂大小相近的工件进行同心加工时，应该从外周定心。首先把和轴毂直径相近的圆棒装到钻头卡盘上，用卷尺测出中心的大概位置。主轴大致对准之后，将指示表安装在圆棒上，对照轴毂的外周部分转动主轴，观察其偏差。由于指示表的刻度盘朝向相反方向，可以使用反光镜进行观测。

对于大型工件，经常以车床加工过的外周为基准进行定心。

如果使用圆形工作台，由于在操作摇柄的同时需旋转工作台和工件，可以将指示表安装在内侧，便于观察。此时，如果以工件上的孔为基准，将其与圆形工作台的旋转轴安装为同心状态，只用眼睛确认就可以了。但如

果只加工一个工件，与其进行其他的操作，不如将工件固定在工作台上，卸掉台上的蜗轮齿合，用手转动工作台，速度反而会更快。定心之后，再用圆台摇柄确认。

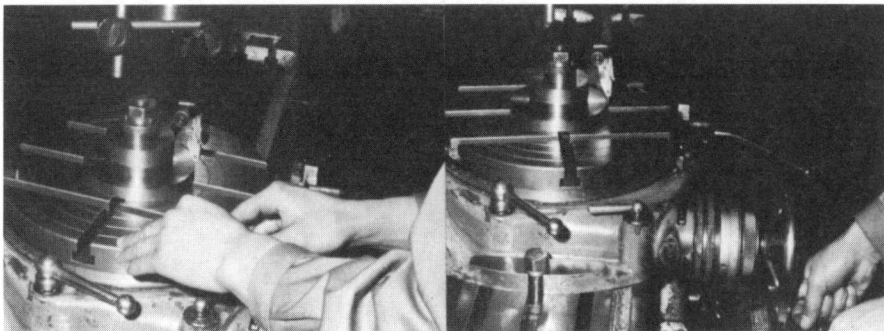

▲将工件固定在工作台上，手动旋转　　▲定心之后用摇柄确认

105

铣削圆周

铣削圆周时，如果是切削整个圆周，除特殊情况外，使用车床效率要高得多。若不需切削整个圆周，即只切削圆周的一部分，就只能用铣床和圆形工作台了。

对经车床加工的工件外周进行切削分层，可以先由其外周定心（见 105 页），再旋转工作台进行切削。

对于以划线为基准铣削工件某部分的操作，要首先通过划线确定工件的中心。由于切削部分占了圆周很大一部分，在切削过程中装置也不可避免地会不稳定。

在外周制作分层

◀ 旋转圆台进行切削

切削部分圆周

◀ 装置不稳定

◀ 根据划线进行切削

定心之后，先轻轻地在顶层试切，观察是否和打格线吻合，然后再进行完整切削。

如果外周有余长，可以先在工作台上安装一个三角卡盘，通过它来固定工件，这样就不用定心了。当然，此时必须使三角卡盘和工作台处于同心位置。另外，三角卡盘的安装和车床一样，总是固定地使用几个卡盘摇柄的孔。

从直径方向进刀进行圆周切削时，要移动工作台进行操作，这一点适合于任何场合。

圆周的切削部分用角度表示（大多数情况）时，要参照摇柄的刻度盘。

在工件顶面加工弧形槽时，操作方法和96页所讲的刻槽大致相同，只不过要将旋转工作台变成旋转圆形工作台。94页所讲到的外周也是通过圆形工作台切削出来的。为使切削表面更加平滑，在直线和圆周的衔接处不能停留。要做到这一点，就必须事先根据铣刀的直径计算

好工作台的输送距离、圆台的旋转量等参数。

直径方向的切入

切削部分用角度表示

在工件顶面加工弧形槽

◀ 将工作台送入进行切削

◀ 对照摇柄的刻度盘

◀ 转动圆形工作台

107

铣削锁链

下面介绍如何将一个圆棒用铣床切削成"无接缝锁链"。加工过程如图所示。

①

▲要使用的工具如图所示（除此之外还需要用到正面铣刀）

②

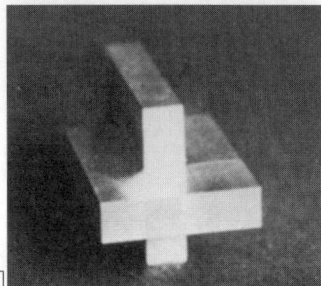

③

④

⑤

⑥

⑦

⑧

⑨

所使用的工具如图所示。其中只是所做的两个夹具比较特殊。从一开始的面切削，到最后在圆形工作台上用内圆形面铣刀抛光，整个作业过程不需要任何高端技能，是实实在在地按程序加工。

10

14

18

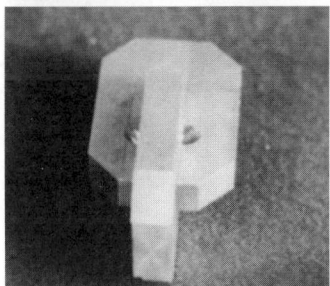
11

15

19

12

16

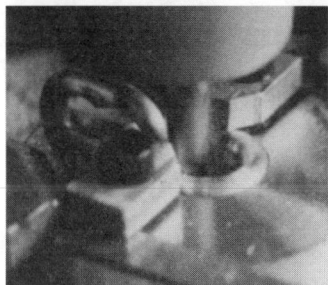
20

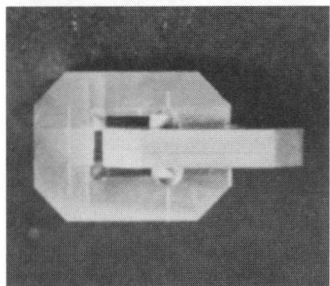
13

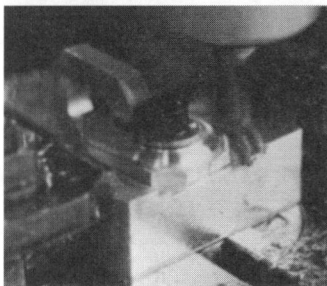
17

21

仿形铣削

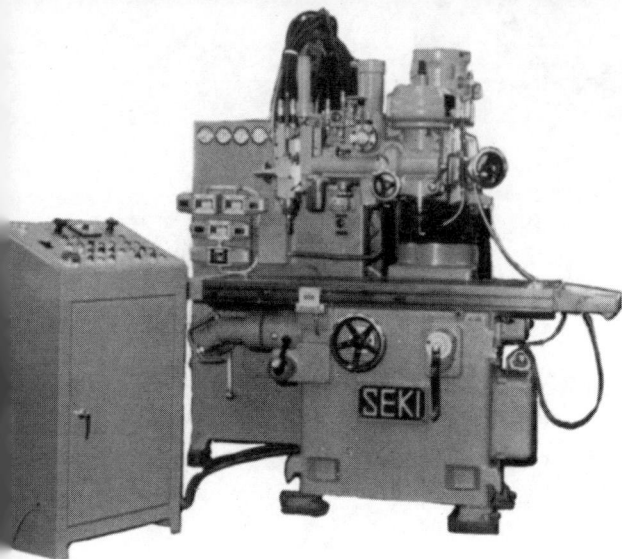

▲油压式仿形车床的一种

按照模型切削出相同形状工件的操作叫做仿形切削。

现在使用液压和电力装置来进行仿形切削。比照模型的工具称为靠模指。

靠模指被安装到工作台，然后接触模型，稍有倾斜，其斜度就会通过液压或电力装置被检测出来，并被放大为同样的动作传给主轴和工作台。

右表面仿形操作

▲将模型和工件定心，使其中心分别与靠模指、刀具的中心对齐

▲将下一个靠模指和刀具的基准面（最好取最高面）对齐

▲如图所示是经过粗加工的工件。加工时使用直径较大的刀具，加工出模压型工件的凸面

整周仿形操作

▲正在进行抛光加工的工件。输送幅度越小，表面就会越光滑

▲整周仿形加工凹型工件。当然也可以对外侧进行整周仿形加工

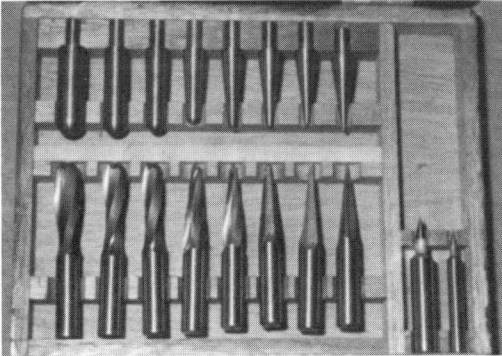

▲靠模指和面铣刀的直径相同

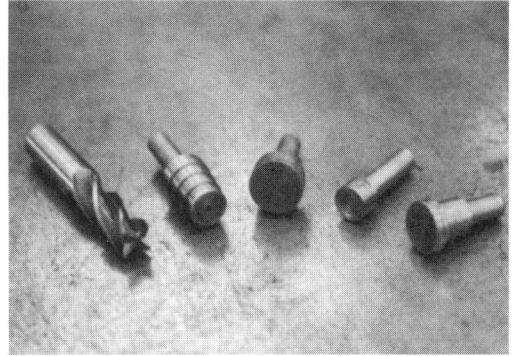

▲整周仿形操作使用普通的面铣刀

▲一般使用顶端为圆形的面铣刀

▲玻璃工件模型也通过仿形加工制作

镗床

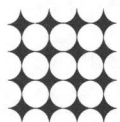

虽然在日本工业标准（JIS）中的分类有"卧式镗床"这一项，但在实际操作中，除了镗孔以外，各种铣削加工占了很大比例。

虽然叫做镗床，但和卧式铣床并没有太大的区别。

▲采用面铣刀的铣削

▲镗孔作业要先进行面铣

▲用侧面铣刀进行分层铣

龙门铣床

把刨床的刀架换成铣床的主轴头，就成了龙门铣床。

刨床的刀具在每次刨削中，最大移动距离为工作台的输送距离，但是如果把刨刀换成面铣刀或是其他组合铣刀，就可以按照铣刀的移动幅度进行铣削。正因如此，在铣削较大平面时，铣刀比车刀的效率要高得多。

另外，刨床在工作台回退时不能进行铣削。这样工作台的往返次数越少效率越高。同时，让大型机械的刨床暂停、起动的程序，在大型、高速的机床作业中也更复杂。所以在用刨床时最理想的情况就是推进工作台一次就能完成整个操作。

龙门铣床解决了以上所有问题。其机械构造与刨床类似，而操作起来完全和铣床一样，仅仅是把座架的滑动方向改成了主轴头为横向。

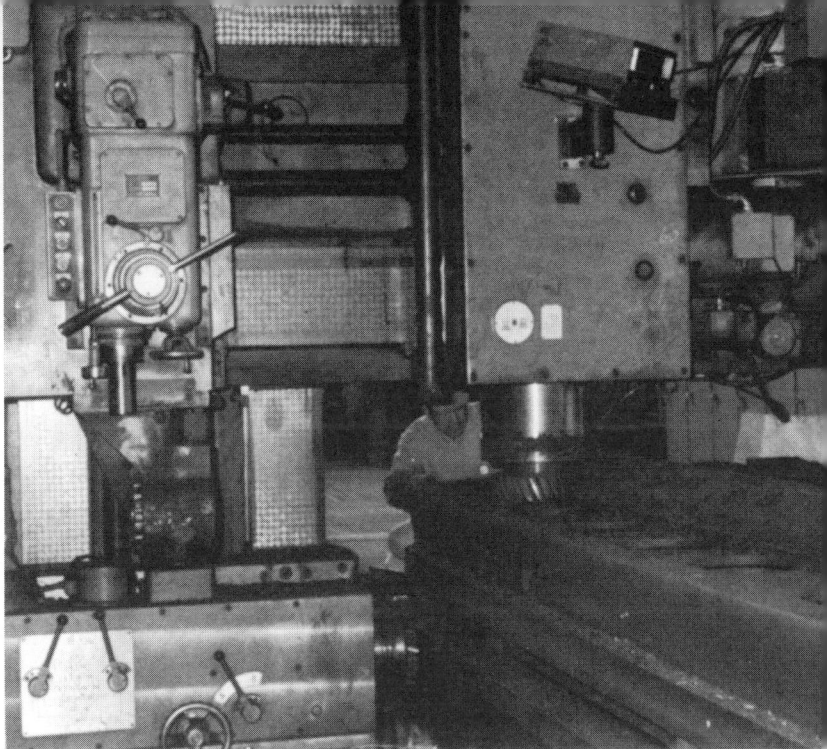

▲用斜刃套式立铣刀加工上面和侧面

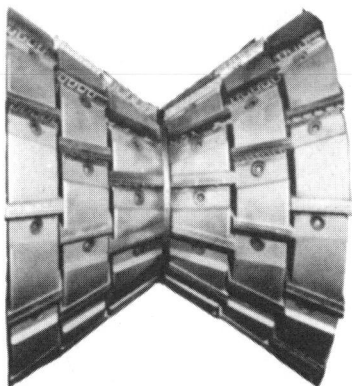

▲加工工作台 V 形槽所用的组合刀具

▲加工时可以站在工作台上

数控加工

数控（Numerical Control，即 NC）就是把各种动作全都转换成数值，再把这些数值通过某种介质表示出来。孔的标记采用二进制。

通过读取装置读出这些数值，然后将其还原成各种切削、输送、旋转等动作。

因此，虽说是 NC 加工，也并没有什么特殊的加工方法。如接通电路是××，切

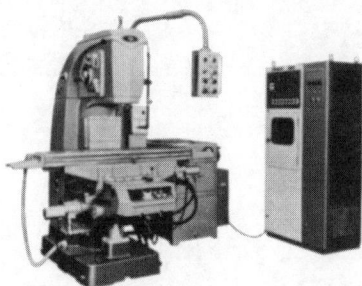

▲立式数控铣床

削动作是○○，深度是□□，起动输送是△△，输送速度是××等，只是把一般铣床的加工顺序事先确定好了而已。这个过程就叫做编程，

而完成这一工作的人叫做程序员。

编好的程序被输入特定的介质中，然后就只需按照编好的程序进行加工。

需要人工操作的只是安装工件，然后接通电路。按照编好的程序，可以反复进行相同的加工。

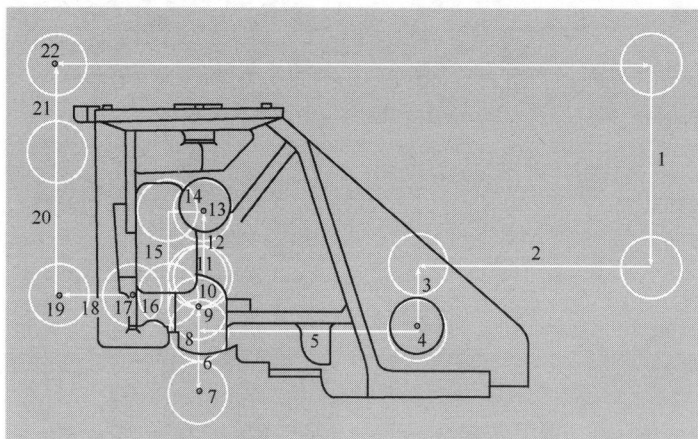

▲右图所示工件的工序图。

▲通过数控加工所得的工件

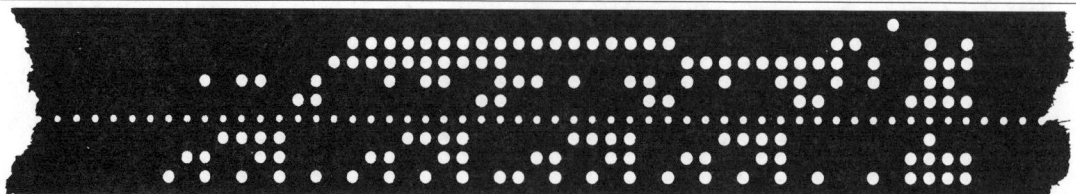

1234567890 ABC ~   X Y Z+-/CRERDE'

▲纸带采用二进制法，通过孔的位置表示数字、文字和记号（中央的小孔是用来输送纸带的）

数値制御フライス盤			プロセスシート				シート№.		1	

機 種　UF-NCSF (0.0001 inch/1pulse)　年.月.日 69·11·28　担当

品　名　Bracket-Hopperstand　品　番　　　　材質　FC.15

N	G	X± 距離	Y± 距離	Z± 距離	F	M	CR/ER	記事	時間
1			Y- 65310		f0		CR	早走移動	
2		X- 78440					CR	〃	
3			Y- 21250		f1	m03	CR	主軸正転	
4				Z+ 28250	f0		CR	早走移動	
5	94.5	X- 74060					CR		
6			Y- 20625				CR		
7				Z- 42465			CR		
8			Y+ 28125		f2		CR	切削	
9				Z+ 1405	f0		CR	早走移動	
10			Y+ 10000				CR		
11		X+ 2190					CR	〃	
12			Y+ 21250		f3		CR	切削	
13				Z+ 10000	f0		CR	早走移動	
		X- 12190					CR	〃	
			Y-				CR		

▲程序设计卡

▲在纸带上打孔

▲检查纸带后装入控制装置中

如果生产量很大，可以使用专用机具、专用夹具。但若是生产量较小或加工很简单，使用通用机具就足够了。对于重复操作的情况，只要做好一个纸带，就可以进行多次操作。不管是谁，都可以以相同的速度、相同的方法、相同的精度完成加工。

但是，如果程序编得不好，效率当然也不会高。只有优秀的程序员才能编出好的程序。

▲按照纸带指令空运转一次，再次确认后开始进行铣削

115

ATC

（自动换刀装置）

镗床和铣床越来越难以区分。如果遇到加工部位很多的工件，要用到的刀具也会很多。面铣、铣孔、镗孔、铣槽、分层等加工用到的刀具有各种不同的尺寸和形状。

此时，如果能让 115 页的 NC 装置连接上 ATC（Automatic Tools Changer，即自动换刀装置），操作者只需完成工件的装卸，以及接通起动电路就可以了。

ATC 有很多结构，这里给大家介绍其中的一种。请注意刀具从刀具箱安装到主轴上，然后进入加工状态的过程。

▲在这个加工中心上，有自动换刀装置

▶抓住刀具箱中的新刀具和主轴上的旧刀具

▶把新刀具插入主轴

▶把旧刀具放入刀具箱

116

分度头

分度头的操作被看做是铣床的基本操作，但是在实际操作中却并不会用到。分度头多用于工具、夹具的制作中。因此一般的铣床操作人员，可能会认为这是一种"需要高度技巧"的操作。

铣床的操作需要相当多的知识和程序。在分度头的操作中，知识起了很大一部分作用。而在铣床操作中，其实只要知道基本知识并按照程序操作就可以了。

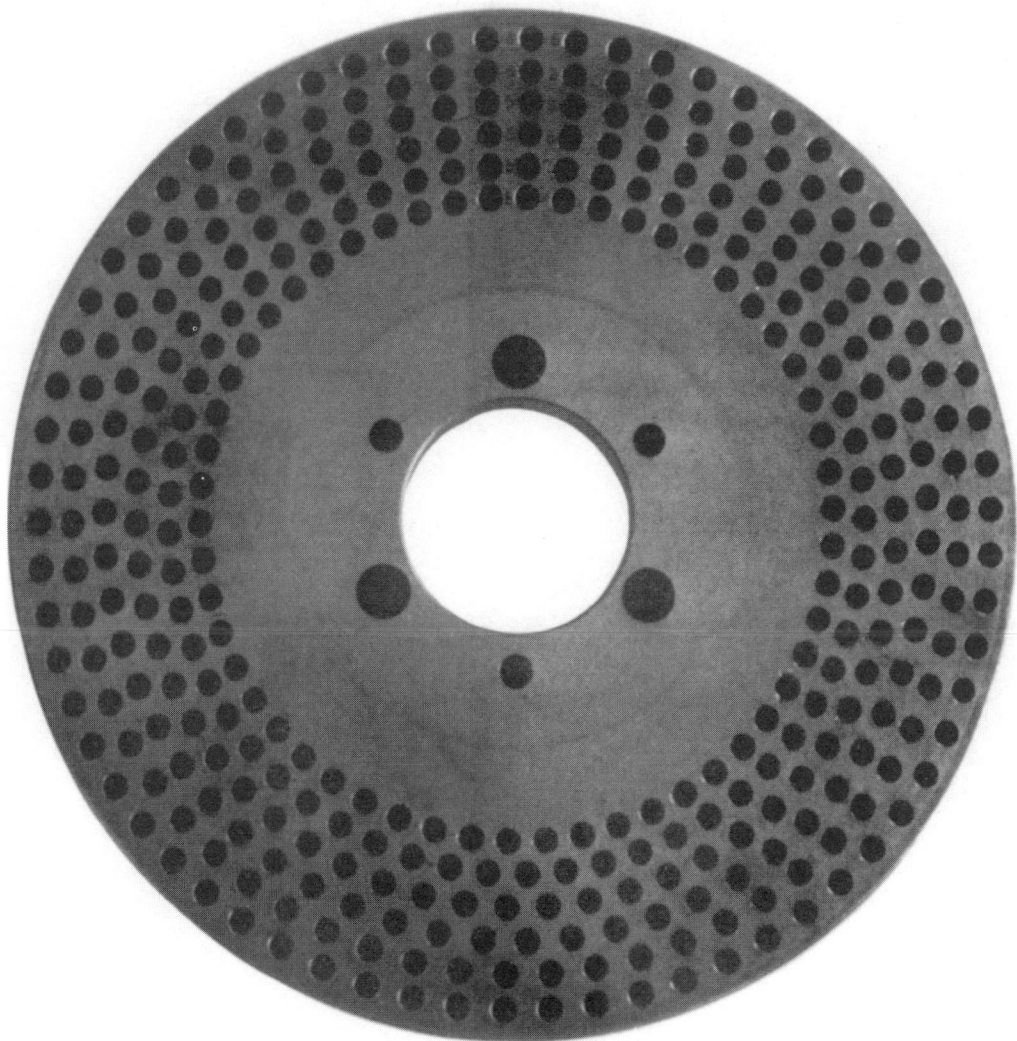

分度头各部分的名称

1— 把手
2—吊环螺栓
3—齿轮箱
4—框子
5—主轴
6—直接分度销
7—直接分度销孔
8—固定螺钉
9—分度板
10—把手臂
11—分度手柄
12— 扇形板
13—转臂安装部
14—斜角主轴
15—螺母
16—游标
17—主尺
18—主轴夹钳手柄
19—固定螺母
20—啮合手柄

分度头的种类

分度头是和铣床同时产生并发展起来的。因此，在分度头上一般都标有相应铣床制造商的名字。

在构造方面，辛辛那提型、布朗·夏普型都是蜗轮式（参照 120 页的构造图），密尔沃型是在曲轴手柄和主轴之间装有锥齿轮，除此之外这 3 个公司产品的构造都几乎相同，原理也是大同小异。

在外观上，只有布朗·夏普型安装在工作台左侧，与其他两家不同。另外，三个厂家分度板的数量和孔数也各不相同。

除此之外，还有特殊的装置，即可以自动反复分度的"电动分度头"。

上：电动分度头
中：二轴电动分度头
下：数控机床上的分度头

分度头的结构

使工件转动的是如图所示右下方的把手。
工件安装在主轴上。

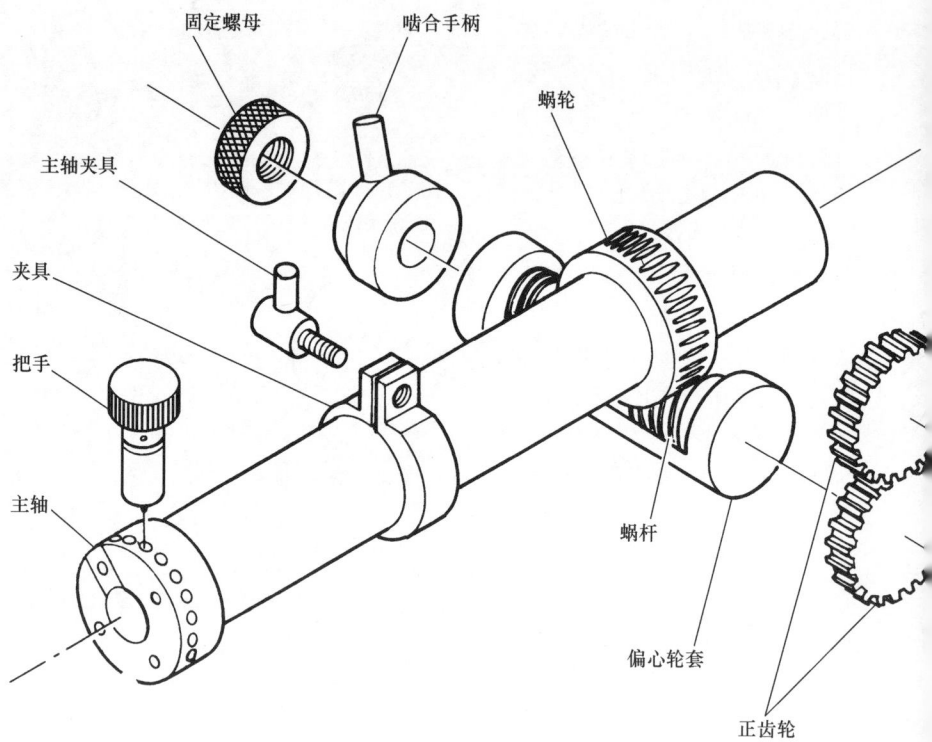

固定螺母

啮合手柄

蜗轮

主轴夹具

夹具

把手

主轴

蜗杆

偏心轮套

正齿轮

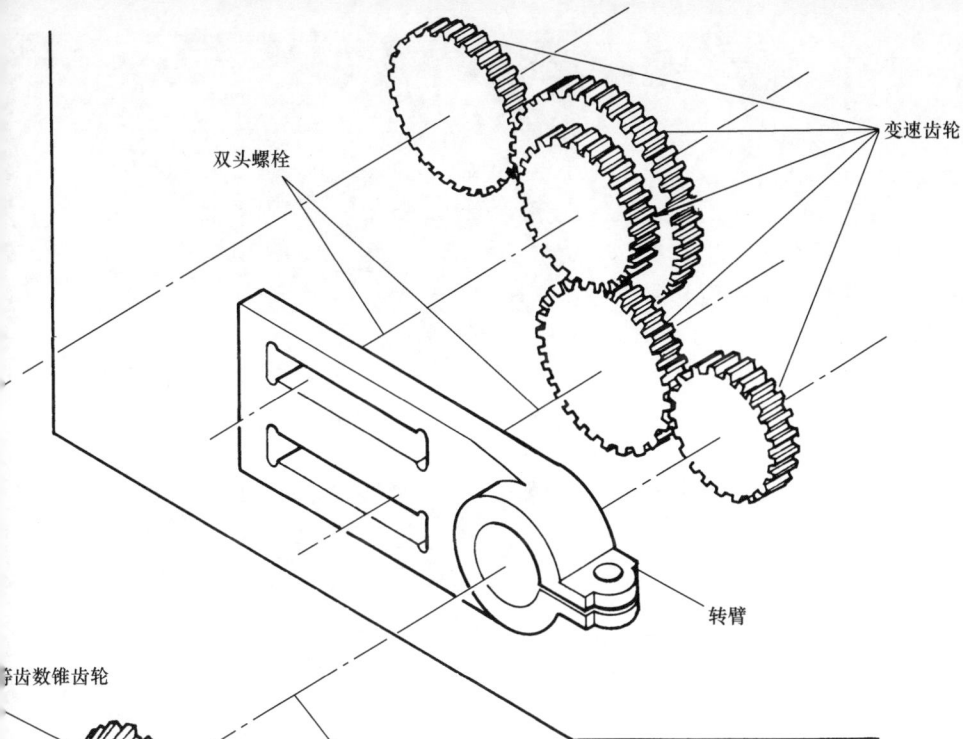

双头螺栓

变速齿轮

转臂

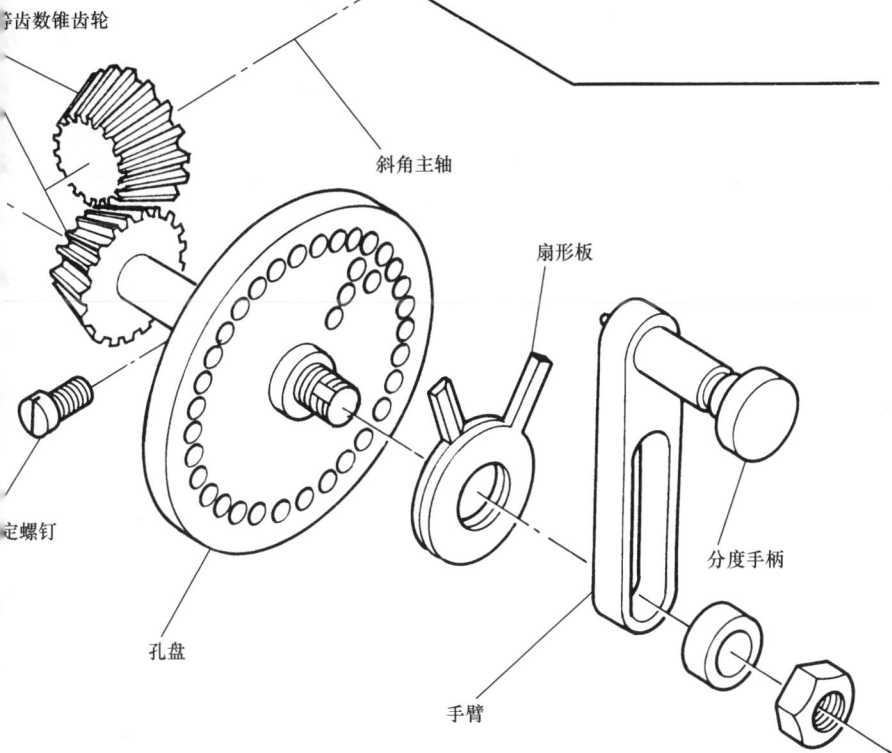

等齿数锥齿轮

斜角主轴

扇形板

分度手柄

定螺钉

孔盘

手臂

121

分度头的安装与定心

　　分度头的安装原则上与机用平口钳、工作台的安装完全相同。工作台的上表面与分度头的下表面要保持清洁干净。

　　分度头不但精密，而且有一定的重量，所以应该通过分度头顶部的吊环螺栓，用起重机或链滑车将其吊起来。

　　分度头下面附有一个销子，将其嵌入工作台的 T 形槽内。当销子的宽度小于 T 形槽时，可以向任何一方推压着来决定位置。这是为了保持主轴和工作台的平行。尾座可根据工件长度安装在适当位置。

　　在主轴上安装顶尖后，就可以将两个顶尖进行定心了。其实在固定尾座之前，调整两个顶尖就可以大致判断出状态了。

　　将测试杆插入两个顶尖之间，分别从上表面、侧面使用指示表进行测试，观察指针的摆动情况。可以利用磁铁将千分表安装在柱子上，还可以将其放在带有销子的台座上，嵌入工作台的 T 形槽内滑动使用。

　　此时，如果指针摆动，必须调整到使其完全停止摆动。由于测试棒是圆棒，任何一方有偏离，指示表的指针都会偏离，所以弄清楚摆动的原因是上下偏离，还是左右偏离，就会节省很多工作量。

　　如果是加工螺旋槽，从工作台进给丝杠获得动力时，分度头的安装位置在工作台的边缘处（一般在右端），如果不是以上情况，只要不偏离鞍座范围就可以了。

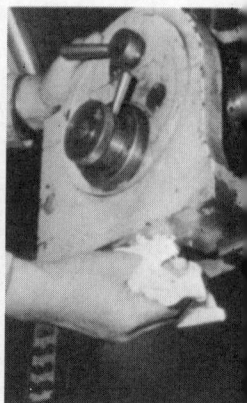

▲擦净工作台的上表面和分度头的下表面

▲通过吊环螺栓将分度头吊起来

▲将销子嵌入工作台的 T 形槽内

顶尖

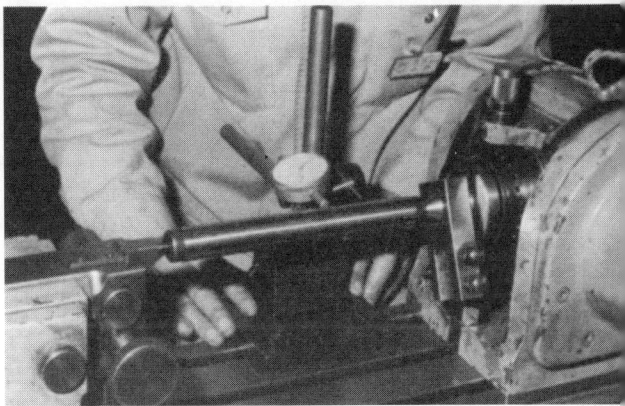

▲可以采取滑动工作台 T 形槽的方法

面观察安装在柱子上的指示表

▲从进给丝杠获得动力时安装在工作台边缘

面观察安装在柱子上的指示表

▲安装在鞍座范围内

123

工件的
安装

　　分度头作业时工件的安装和车床加工时工件的安装相同。采用四个带钩的卡盘，实际上是不可能的。工件的固定有下列三种方法：用三爪自定心卡盘固定、用三爪自定心卡盘和顶尖固定、用两个顶尖固定。

　　因此，分度头上安装有三爪自定心卡盘和夹头顶尖（相当于车床的活动顶尖）。用卡盘安装取决于工件的外径基准。而且，长度很短时，仅用卡盘就可以固定。这一点和车床是相同的。另外，分度头主体上附有角刻度（可以读到5′），倾斜主体，就可以加工锥形齿轮。

　　用卡盘固定时，如果工件较长，还需用顶尖支撑。使用两个顶尖支撑时顶尖的中心就成为基准。在这种情况下，必须给两个顶尖定心（见122页）。

　　尾座后端附有刻度，可判断水平基准。如果是锥形工件，从这里可以读出顶尖的抬高量。由于分度头作业中的顶尖不像车床作业时那样工件会连续转动，所以不必担心摩擦热。要用力按住顶尖，卡紧以保证工作不会松动。

　　夹头要安装成和工件成直角，用螺栓固定在夹头中心。此时，不能只从一个方向拧紧螺栓，必须双向拧紧，保持在中央位置。与车床作业不同，铣床作业时即使用两个顶尖支撑，也要牢牢固定工件。

▲安装有三爪自定心卡盘

▲安装有夹头顶尖

▲可读到5′的刻度盘

124

主体加工锥形齿轮

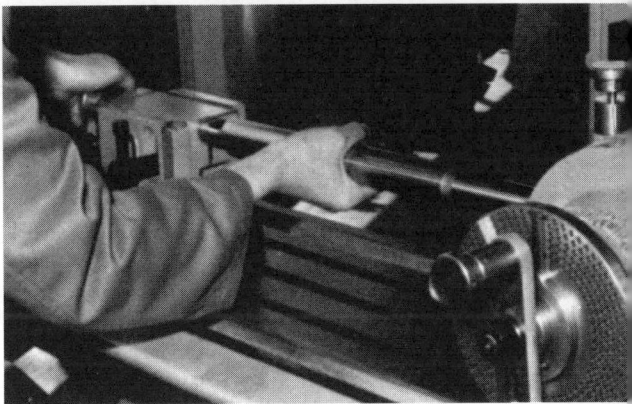
▲用力按住顶尖

工件要用顶尖支撑

▲紧紧摁住压板进行切削

后端的刻度用于加工锥形工件

▲夹头中心的螺栓要双向拧紧

直接分度法

当分度精度要求不是非常严格时，可以直接进行分度划分。所谓直接分度法，就是指卸下蜗轮直接对主轴进行分度调节的方法。

直接分度法并不是适用于任何尺度的分度。如图所示，主轴外围有 24 个孔，向这些孔中插入销子进行分度调节。直接分度法广泛应用于工装等场合。

可分度值取决于主轴外围孔的数目。

通常主轴外围有 24 个孔，因此分度值只能是 2、3、4、6、8、12、24。

分度精度受很多因素的影响。主轴孔的分度精度就直接影响总分度精度。而且，孔和销子的间距以及销子和支撑部分的间距等误差如果累积就会形成累积误差。

卸下蜗轮时，手一定要伸到分度台的后面。首先松动上锁螺母，然后转动装有蜗轮的偏心套。

在卸下蜗轮时没有什么特别的注意事

项，但咬合时一定要小心谨慎。

蜗轮咬合，与卸车床切削螺纹时的对开螺母相同，并不是一直都处于咬合状态。稍有不慎，齿与齿之间可能发生碰撞，也有可能一面的齿轮边与另一面的齿轮斜面发生碰撞。

蜗轮的齿面是最重要的部位。转动时一定要注意，如果没有咬合上，需用手小心地旋转主轴，这一点非常重要。

在完成主轴的分度后，进行加工时一定要确保主轴已经固定。

▲用直接分度法进行加工

▶ 插入销子
◀ 主轴外围的孔

▶ 松动上锁螺母

▶ 取消咬合
◀ 蜗轮咬合状态

▶ 旋转主轴
◀ 松动主轴

间接分度法 （简单形式）

曲轴的转动通过蜗轮的咬合传到主轴上，这样的分度方法叫做间接分度法。

曲轴转动一周，蜗轮只动一个齿，主轴和工件也转动一个齿的距离。通常，蜗轮有40个齿。曲轴转一周，主轴转动1/40。也就是说，曲轴的一周把工件40等分。曲轴转动20周，即20/40=1/2，也就是把工件2等分。

比起直接分度，间接分度时由于蜗轮的咬合一直处于相同状态，精度会更好一些。而且，间接分度可以比直接分度进行更多的分度。

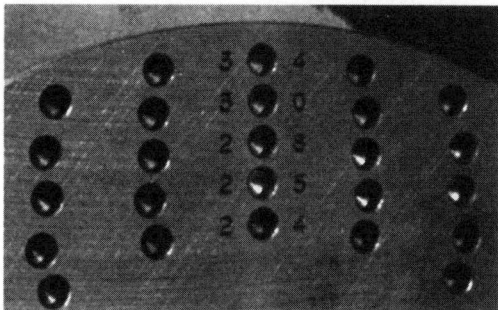

▲此分度板的一面是 24、25、28、30、34 个孔

▲背面是 37、38、39、41、42、43 个孔

由上可知，只用曲轴的转数就可以算出分度，也就是所有能整除40的数，即2、4、6、8、10、20、40。用公式表示为

$$N=\frac{40}{n} \qquad n=\frac{40}{N}$$

式中，n 为曲轴的转数。

那么，7等分是什么情况呢？40/7=5+5/7，曲轴转动5周，另外再转5/7周就可以了，此时要使用分度板。在分度板的两面有一定数目的孔，在这些孔里找到可以用刚才的分母整除的孔的位置，用这个孔数乘以刚才的分数。比如，以28的位置为例，28×5/7=20，先把曲轴转动5周，再把曲轴转到第20个孔的位置，就可以进行7等分了。

分度数在40以上时，曲轴的转动不到1周。例如需要56等分时，N=40/56=5/7。这与使用7等分分度板的情况相同，因此进行同样的操作就可以了。当然，常用分度板的孔数不仅是28孔，42孔、49孔也很常用。

▲适用于 6 个孔的场合

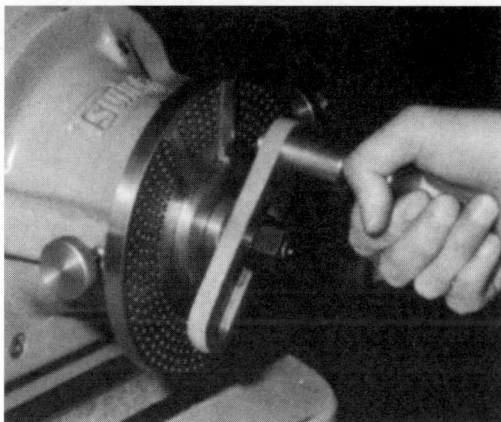

▲曲轴转动 6 个孔……

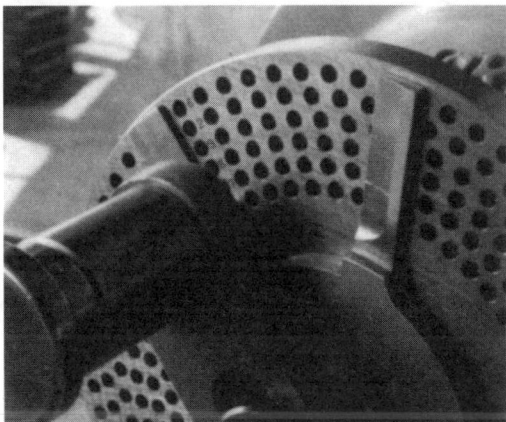

▲用扇形器夹住第 7 个孔

▲转动 6 个孔后，为确保销子插入孔中要推一
下把手

如果在众多孔中数出一定数目的孔，同时转动曲轴是很容易出错的，因此要使用扇形器。假设有 6 个孔，从下一个孔开始数，到第 6 个孔的位置，也就是说，用扇形器夹住第 7 个孔和它前面孔的两边，用定位螺钉固定。然后转到第 6 个孔，为确保销子插入孔中需推一下把手。

差动分度法

差动分度法是在用直接分度法、间接分度法不能进行分度的情况下（61、67、71 等 61 以上的质数）或进行特殊数值的分度时所使用的方法。

其原理是转动分度头手柄来旋转主轴，通过装在主轴后面的备用齿轮给孔盘设定一定的角度，让其正转或反转，来增加或减少主轴的旋转。

因此分度板不能是固定的，而是要安装中心轴、支架、备用齿轮等附件使得孔盘能够与分度头在同轴上很好地旋转。这样当曲柄摇把转过一定圈数时，分度板就会以一定比例按照旋转方向转动或反方向转动。这样得出的比曲柄摇把的旋转数（分度数）多或少的旋转数称为分度数。

下面以分度 61 为例进行说明。用间接分度法（128 页）来处理这个问题。

$$n=\frac{40}{N}, \quad n=\frac{40}{61}$$

可以看出，这样是分度不出来的。

因此，如果用间接分度法分度 61 左右的数，可以借用 60，62 等数，然后使用上面的原理，使之成为 60+x 或 62-x，这样就可以对其进行分度了。

如果用 62，62 等分是 $n=\frac{40}{62}$，就是使用 62 孔时每 40 孔钻一下，如果比 40 孔多进一点，就变成 61 等分了。即如果前进到 41 孔的地方就是钻过了，所以在 40 孔和 41 孔之间钻孔是比较好的。

如果用 60，60 等分是 $n=\frac{40}{60}$。如果用 24 孔，每前进 16 孔就相当于分度数为 61，就有些钻过了，但如果在 15 孔又不够，所以应该在 15 孔和 16 孔之间。

因此，在转动曲柄摇把时让分度板稍微向前或向后，这样，分度板轻微转动的结果就会使得在分度 60 或 62 时，只要将其进行 61 等分就可以了。总之，60 等分时将分度板稍微向前，62 等分时将分度板稍微向后，这样就可以进行 61 等分。

下面来看一下具体的公式。首先，在转动曲柄摇把时使分度板以一定比例向前或向后运动，这个比例就决定了齿数比，即

$$i=40\times\frac{T'-T}{T'}$$

式中　i——齿数比；

T——分度数；

T'——可能分度的假定分度数。

另外，分度头手柄转速为

$$n=\frac{40}{T'}$$

如果求齿数比 i，应该用备用齿轮来求。

由于备用齿轮数和齿数是有限的，因此，仅用一组配合是无法求得齿轮比的，有时要用两组，也就是用四个齿轮来求。

$$i=\frac{A}{B} \quad \text{（2 个齿轮时）}$$

空转齿轮（正向旋转）

$$i=\frac{A}{B}\times\frac{C}{D}\quad\text{(4 个齿轮时)}$$

这样找出并组合满足各公式中齿数的齿轮。

另外，当齿数比 i 是正数（+）时，也就是分度数 T 小于假定分度数 T' 时，为了让主轴和对角轴的旋转方向一致，应放入一个空转齿轮。当齿数比 i 是负数（−）时，也就是分度数 T 大于假定分度数 T' 时，为了让主轴和对角轴的旋转方向相反，应安装一个空转齿轮。

安装空转齿轮的方法在齿轮为 2 个、4 个及 i 是正数或负数的时候都是不同的。

下面来看一个例子。当分度数 T=79 时，假定分度数 T' =80，那么分度头手柄的转速 n 为

$$n=\frac{40}{T'}=\frac{40}{80}=\frac{1}{2}=\frac{12}{24}$$

只要用 24 孔在扇形上进 12 孔即可，它的齿

数比为

$$i=40\frac{T'-T}{T'}=40\times\frac{80-79}{80}=\frac{1}{2}=\frac{A}{B}$$

所以应从齿轮中选取 18：36、21：42、24：48、30：60 等组合方式。

下面为备用齿轮为 4 个的例子。当分度数 =241 时，假定分度数 T' =240，则

$$n=\frac{40}{T'}=\frac{40}{240}=\frac{4}{24}$$

那么在 24 孔处每 4 孔旋转分度头手柄即可，而且

$$i=40\frac{T'-T}{T'}=40\times\frac{240-241}{240}=-\frac{40}{240}=-\frac{1}{6}$$

即

$$\frac{1}{6}=\frac{1}{2}\times\frac{1}{3}=\frac{24}{48}\times\frac{20}{60}=\frac{A}{B}\times\frac{C}{D}$$

所以得出齿数 A=24，B=48，C=20，D=60，因为 i 是负数（−），所以要加入一个空转齿轮使主轴与对角轴的旋转方向相反。

131

角度分度法

在分度操作中，不仅是等分分割，也有利用角度进行分度的。用角度分度的情况虽然用间接分度法等也可以换算出来，但要花费很多时间。比起这些方法用角度来解决分度的问题是非常便利的。

分度头手柄旋转 40 周、主轴旋转 1 周时，手柄旋转一周是 360° 的 1/40，也就是 9°，而且 1° 是 60′，所以从分度板的孔数中，如果使用 6 和 9 的倍数 54，可得到

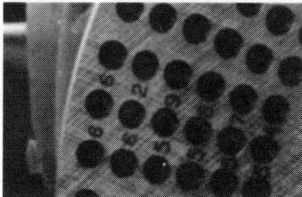

$$\frac{9°}{54}=\frac{60'\times 9}{54}=\frac{540'}{54}=10'$$

由于 1 孔是 10′，所以 10′ 为分度单位时，就可以直接使用。

例如，进行 18° 40′ 分度时，18° 40′ = 1120′，9° =540′，所以

$$\frac{1120'}{540'}=2\frac{4}{54}$$

当手柄转动 2 圈时，在 54 孔的地方再钻

② 安装在这个位置

4 孔就可以了。

另外，分度头上装有专门为角度分度而准备的装置，使用它可以更精确地对角度进行分度。角度分度装置是在图②所示的位置进行安装的。角度用的微动轴环是安装在显而易见的 0° 的位置。微型轴环随着主轴的旋转而转动，但能够更精确地读出角度的游

③ 固定在容易读到度数的位置

标轴环无法移动，所以将其刻度固定在容易读数的位置③。

手柄转动一圈是 9°，所以微动轴环的刻度也定为旋转 1 圈 = 全周 =9°。

因此，在分度 9° 以上的角度时，应提前记住它的旋转数。

在使用角度分度装置时，可将销子插入孔盘的任意孔中。因为已事先将孔盘给定器松

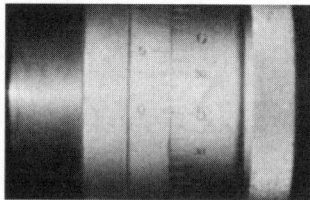

④ 可读为 1′

开，所以孔盘可以自由旋转。游标轴环的读法和游标卡尺的读法道理相同，这里可以读到 1′。

复式间接分度法

这种方法稍微有点特殊，要受到分度板孔数的限制，所以并不是每个数都可以进行分度的。下面举例进行说明。

所谓复式间接分度法是将 40/77 这样的分数分为两个分数来考虑的方法。可分为将两个分数相加和相减两种情况，用公式表示如下：

$$\frac{40}{N} = \frac{B}{A} \pm \frac{B'}{A'}$$

将 $N=77$ 代入，可分成

$$\frac{40}{77} = \frac{33}{77} + \frac{7}{77}$$

将两个分数进行约分就成了

$$\frac{3}{7} + \frac{1}{11}$$

将这两个分数对应分度板的孔数，因为在布朗·夏普型中 No.2 的孔盘中有 21 孔和 33 孔，所以可得

$$\frac{3}{7} \times \frac{3}{3} = \frac{9}{21}, \quad \frac{1}{11} \times \frac{3}{3} = \frac{3}{33}$$

因此，这个孔盘在 21 孔处钻 9 孔，在 33 孔处钻 3 孔，就能够将 1 圈进行 77 等分。

由此可知，成为分母的 21 孔和 33 孔，必须在 1 片孔盘中。

另一个比较重要的是在两个分数的分母中，1 个分母必须在孔盘的最外周，这是因为从孔盘内侧引出的后栓在最外周的孔中。

布朗·夏普型 No.2 孔盘最外周的孔为 33 个，最内周的孔为 21 个，所以可以进行 77 的分度。将后栓塞入 33 孔中，将前栓安装在 21 孔的地方，而且设定区段为 9 孔来安装。然后用前栓钻 9 孔，拔出后栓并转动孔盘，以和 33 孔钻 3 孔为同一方向进行钻孔。

$$\frac{9}{21} + \frac{3}{33} = \frac{3}{7} + \frac{1}{11}$$

上式与前面的公式相符合。

如果是分成 2 个分数并减少，那么就应将减小分数的一侧朝反方向转动。

看上去是很麻烦，但如果能够计算，可以不必加入齿轮，就相当简单了。

交换齿轮的计算

为了铣削螺旋槽，必须一边在分度头上转动工件，一边移动工作台。主要靠工作台的进给丝杠在旋转时产生的力来转动分度头。

因此，针对工作台的移动，为使其以一定的比率旋转，反过来说，为了使工件每旋转一周，工作台前进一定的距离（为了使工作台的进给丝杠与分度头主轴分别以一定的比率旋转），必须用齿轮将这两者连接起来。

图样上用一般的引线进行指示。因此，必须知道引线和工件的交换齿轮。

这种关系和铣床铣削螺纹是一样的。

交换齿轮可以用以下的计算公式：

$$\frac{B \times D}{A \times C} = \frac{L}{P \times 40} = R$$

式中　　　L——被指示的扭矩槽的引线；

P——工作台进给丝杠的螺距；

40——螺旋齿轮的啮合比；

A、B、C、D——各交换齿轮的齿数；

R——齿数比。

在这个计算中，A、B、C、D 各齿轮的齿数影响不大，因为实际上它们仅仅只是分度头的附件。而且这些齿轮基本上都是够用的。

现在常见的分度头的附件是齿数为 19 的齿轮。

17、18、19、20、21、22、23、24、27、30、33、36、39、42、45、48、51、55、60

①首先，暂时安装上驱动装置

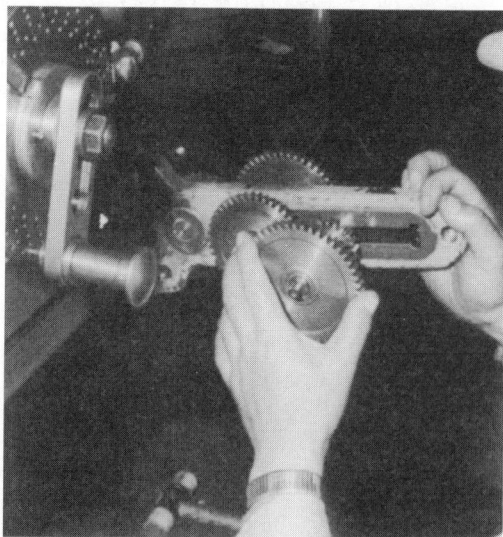

②安装通过计算得出的 4 个齿轮

分度台上会带有制造厂计算出来的最适合的替换齿轮表。看了这个表，就不用一一计算了。不过，至少应该记住它的原理及计算方法。

举例如下：

假设图样上所示的引导线为 128mm，铣床的工作台手柄转动一周可移动 6mm。也就是说，进给丝杠的螺距为 6mm。因此，之前的公式就变为

$$\frac{B \times D}{A \times C} = \frac{L}{P \times 40} = \frac{128}{6 \times 40} = \frac{8}{15}$$

只要把 $\frac{8}{15}$ 分解为 $\frac{B \times D}{A \times C}$ 就行了。这时只能把 $\frac{8}{15}$ 分解成 $\frac{2 \times 4}{3 \times 5}$、$\frac{4 \times 2}{3 \times 5}$、$\frac{4 \times 2}{5 \times 3}$、$\frac{2 \times 4}{5 \times 3}$。所有的分母之间或者分子之间，即

使颠倒过来也没关系。但是，由于一般没有这些齿数小的齿轮，可以找一些符合这个比例的齿轮进行组合。此时，分解成 $\frac{2 \times 4}{3 \times 5} = \frac{2}{3} \times \frac{4}{5}$ 这样一个一个的分数，是要寻找满足比例关系的齿轮的组合，而不是单纯满足数学公式中的分母或分子。

即使有了上面所列的 4 种组合，如果没有满足这些组合的齿轮也无济于事。在这种情况下，如果找到了 $\frac{2}{3} \times \frac{4}{5} = \frac{20}{30} \times \frac{48}{60}$ 这样的组合，就等于有了这四种组合的齿轮。实际的安装顺序如下图所示。

③一边调节齿轮的啮合一边固定

④和图①所示的转矩方向相反

螺旋角的计算

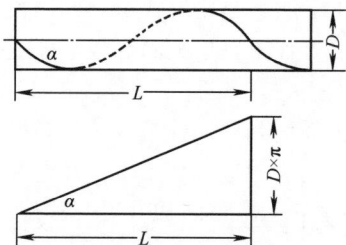

铣刀与工件的关系

为了铣削螺旋槽，用 134 页的公式得出交换齿轮数，使工件随着工作台的进给而转动。

这时，工具如果是面铣刀，就和一般的切削操作一样。但是如果用角铣刀、三面刃铣刀、成形铣刀等，必须使所加工的沟槽与加工用铣刀的方向一致，否则就会因为铣刀的侧面顶住而无法铣削，或者切出的沟槽与铣刀的形状不一致。

因此，必须计算引线和工件直径所对应的螺旋角，对应这个角度倾斜工作台。铣刀与工件的位置关系如上图所示。这与用车床车削螺纹时倾斜刀头，使切削刃与工件呈直角的情形相同。这种工作台可倾斜的铣床叫做万能铣床。

螺旋角因引线与工件的直径变化而变化。即使是同一个引线，工件的直径变大，螺旋角变大，工件的直径变小，螺旋角也变小。当直径相同时，引线越大扭转角越小，引线越小扭转角越大。

螺旋角的计算方法如下：

$$tan\alpha = \frac{D \times \pi}{L}$$

式中　　D——工件的直径；

　　　　L——引线。

在图样上一般用引线指示。试考虑 135 页中引线为 126mm，工件的直径为 30mm 的情况。把这些数据代入公式后，就变成

$$tan\alpha = \frac{30mm \times 3.1416}{126mm} = 0.7479$$

查三角函数关系表可得，$\alpha \approx 36°\ 50'$

另外，即使不这样计算，用作图法也可以求出来。把指示的引线作为一个直角边，把工件的外周长作为另一条直角边来画直角三角形，然后读出 α 的度数。但是，在这种情况下所得到的读数精度会较差。

▼三角函数关系表的一部分

度	Tangent	角度	Tangent
50'	.52057	36°40'	.74447
40'	.52427	50'	.74900
50'	.52798	37°00'	.75355
00'	.53171	10'	.75812
00'	.53545	20'	.76271
10'	.53919	30'	.76733
20'	.54295	40'	.77196
30'	.54673	50'	.77661
40'	.55051	38°00'	.78128
50'	.55431	10'	.78598
°00'	.55812	20'	.79070
10'	.56194	30'	.79543
20'		40'	.80020

根据螺旋角计算引线

请看图示螺旋齿的立铣刀。形成螺旋齿的后隙面、前倾面的螺旋槽，都是在热处理前经过万能铣床的铣削而得到的。

螺旋槽的长度达不到一条引线。在进行加工时，为了计算 134 页中的替换齿轮，必须求出引线。把 136 页中的公式进行变换，可得到这样的公式

$$L = \frac{D \times \pi}{\tan\alpha}$$

总之，从三角函数表中查出 $\tan\alpha$ 的数值，用上面的公式求出即可。接下来举例计算。

这是一个双刃面铣刀。指定切削刃部分的长度为 24mm，如果包含刀柄全长为 94mm，在确定前角、后角等的同时，把螺旋角设定为 10° 进行加工。

加工螺旋槽时可用铣床。它的引线计算方法为

$$L = \frac{24 \times \pi}{\tan10°}\text{mm} = \frac{75.36}{0.17633}\text{mm} = 427.38\text{mm}$$

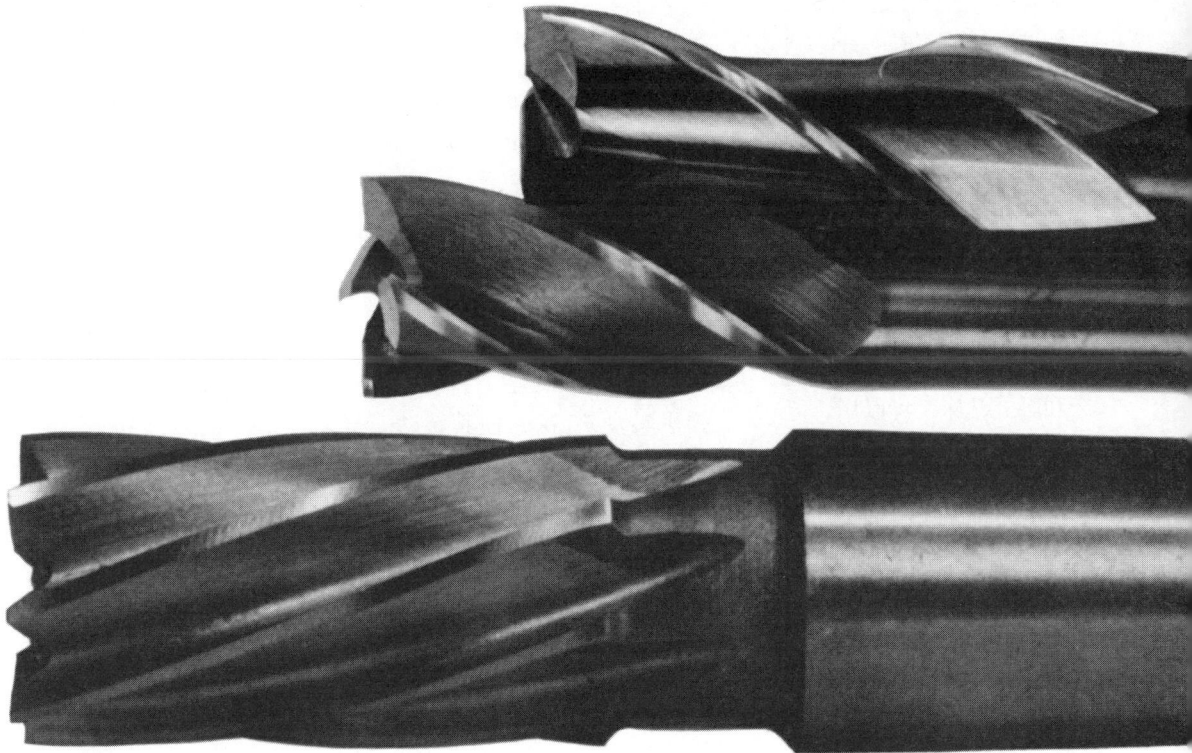

简单的分度头操作

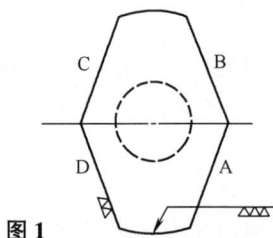

图1

定位销（类似引导销）的一种，如图1所示，将其头部铣成菱形。把菱形头部的周边进行铣削，是退刀槽的一种。通过圆周的剩余部分进行引导。

这种铣削是分度台操作中最简单的一种，分度精度和尺寸精度都很低。以下为这种分度的操作顺序。

原材料是经车床加工过的。把图1所示的E部分放在分度台的卡盘中。立式铣床和卧式铣床都可以用，但是卧式铣床比较方便。将分

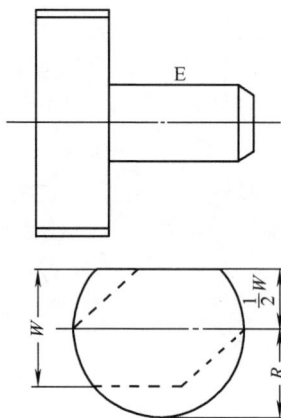

图2

度台的主轴朝上，在卧式铣床的主轴上安装立铣刀，用立铣刀铣削。

进行了上述工序后，接下来先铣A面。具体铣削的程度，可以通过图2所示的方法进行测试。

铣了A面之后，将曲柄摇手转动20次，使其转动180°。然后，在同样的位

置铣C面。这样平行的两个面就铣好了。为了确保准确，必须进行W测试。不过，这个尺寸不起主要作用，最大误差可以在0.1mm之间。

上述步骤结束后，从C面转过一定的角度，开始铣削D面。这个角度也很粗略，只要调整好分度台（见132页）就可以得到正确的角度。之后，再转动180°来铣削B面。到此操作就结束了。

在此特意介绍如此简单的操作，是因为会经常有把螺栓的顶部铣成方形，把轴的一端铣成方角形之类的操作。这些都是精度要求不高的操作。然而，千万不能以为这是分度头的基础操作而轻视它，依然要按工序正确操作。像这样的操作，如果加工数量大，也要用组合铣刀来进行。

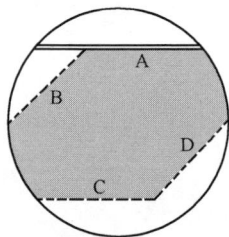

铣削A面

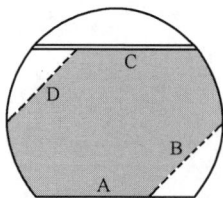

铣削C面

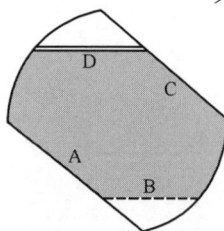

铣削D面

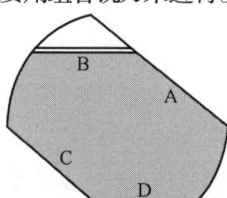

铣削B面

尺寸精度高的分度头操作

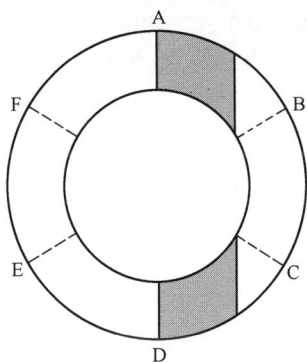

第一工程

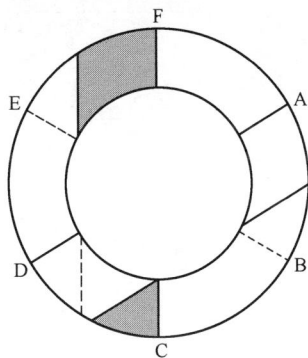

第二工程

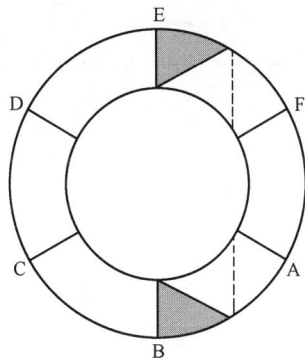

第三工程

两个离合器互相咬合在一起，无论是哪个部分咬合，都不会有闲置的齿。每个齿松紧适度，套合度好，都是操作的基本条件，如图1所示。

此时铣削精度和尺寸精度都必须非常精确。这个操作也是要求使分度头向上，而且不能有偏差，可以通过指示表来确认偏差。

另外，像这样有三个齿的离合器，尺寸都很小。将图1所示的G部分用卡盘夹住。

分度成3等分时，因为是40/3，所以转动13圈加1/3圈，24、30、39、42中的任意一个孔都行。把扇面按照8、10、13、14的1/3组合。

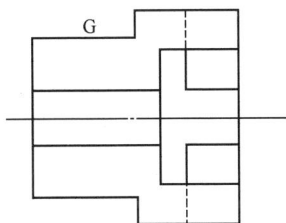

图1

设备是卧式铣床时使用侧刃铣刀，设备是立式铣床时使用立铣刀。各刀具的宽度和直径要比实物的画线小0.5~1mm。

刀具从外围的一点，向中心线的A-D铣削。

第一道工序是铣A-D面。留出0.5mm左右的加工余量。

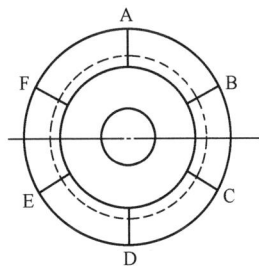

第二道工序是松开夹具，使其转动到1/3处，然后用相同的方法铣E-F面。

第三道工序也是用同样的方法铣E-B面。最后铣削留下来的加工余量，操作就完成了。

因为是离合器，所以肯定是成对的。如果只是一组，可用锉刀，如果数量很多，就要使用刀具来加工。

复杂的分度头操作

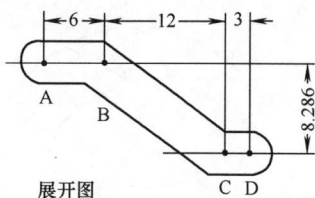

展开图

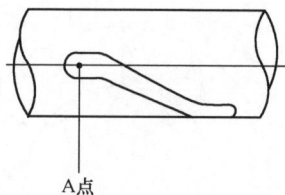

A点

变形的引导槽并不是简单的螺旋槽，如图所示其两端还有直线部分。因为工件是轴，所以可用顶尖支撑。

首先，进行螺旋部分的引线计算（见134页）。一边是12mm，另外一边是8.286mm，角度约为34°40′。根据137页的公式可得$L=\dfrac{D\times\pi}{\tan34°40′}=$113.50mm。选择替代齿轮时要考虑到这个数字。

这里存在一个问题，要同时加工直线部分和螺旋部分，就必须在加工完直线部分后，起动134页中螺旋槽的驱动装置。加工完螺旋槽后，卸掉驱动装置，再来铣削直线部分。进行这个工序时，必须在中途卸掉驱动齿轮（替代齿轮）。辛辛那提公司的产品有此装置。有一个控制杆，可加工右旋、左旋切削刃。

引导槽一般宽度极限大概为$^{+0.2}_{+0.1}$mm。要准备$\phi0.5$mm左右的立铣刀（粗铣时用）和同等尺寸在最后一道工序时使用的立铣刀。具体工序如下：

① 从分度头上卸掉曲柄销，将立铣刀插入A点。沿基准面，画线和圆针都可以。

② 工作台的位置通过刻度表来读取。对准0点。

③ 在卸掉曲柄销的状态下，为了不让工件转动，可使用夹具夹住分度头的主轴。

④ 从A点铣到B点。这时为了移动工作台，只空转孔盘。

⑤ 到达B点后，停止移动，把曲柄销插入分度板的孔中。

⑥ 卸掉主轴上的夹具，插入销子，通过分度板转动主轴，铣出螺旋槽。

⑦ 移动到C点，夹住主轴，卸掉曲柄销，然后移动到D点。

⑧ 最后确认A、B、C、D点的刻度。

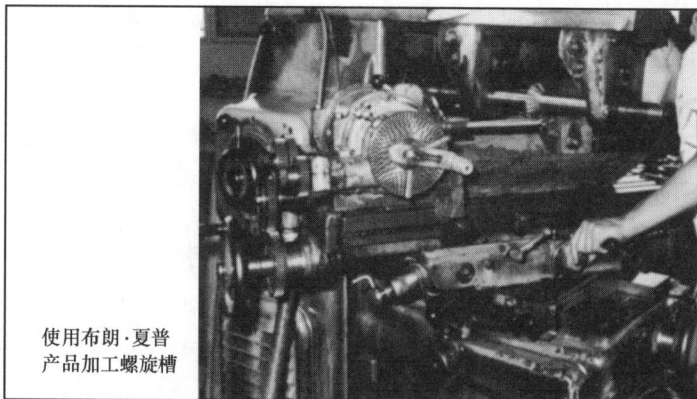

使用布朗·夏普产品加工螺旋槽

特殊的分度头操作

转动圆形工作台和分度头的操作，如图1所示的叶轮机，前面的工序仍然是和车床操作一样的。

首先把分度头放在圆形工作台上（见图2）。然后，在分度头上安装工件，铣出所需的叶片数，然后一片一片进行加工。叶片断面形状通过圆形工作台和铣床来铣削。

如果通过分度台控制叶片数，那么就不必担心铣削的数量和铣削的精密度。

关键是圆形工作台的操作。如图所示，直线部分是长短各一处，弧线部分在两端、内侧、外侧共有四处。必须把这些线条流畅地连在一起。

原则上每一个加工的地方只要分度成必要的叶片数就可以了，然而问题在于这6处要加工的部分该以什么样的顺序进行加工。是先加工直线部分，还是先加工曲线部分，或者是按圆周的顺序进行加工。工件越小，其测定就越困难。如果顺序出现错误，那么不仅加工起来会非常困难，而且有可能导致加工失败。

然而，要在这里把各种加工全部说清楚是不可能的，只能说在分度台操作中有很多复杂的操作。

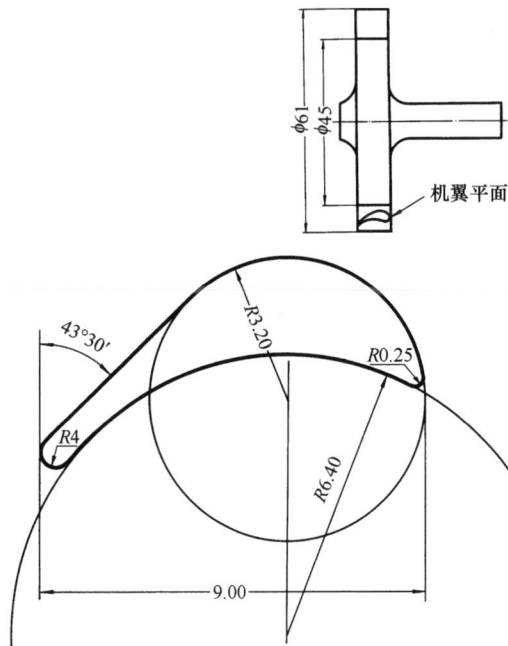

$\phi 61$
$\phi 45$

机翼平面投影图

$43°30'$
$R3.20$
$R0.25$
$R4$
$R6.40$
9.00

图1　工件的形状

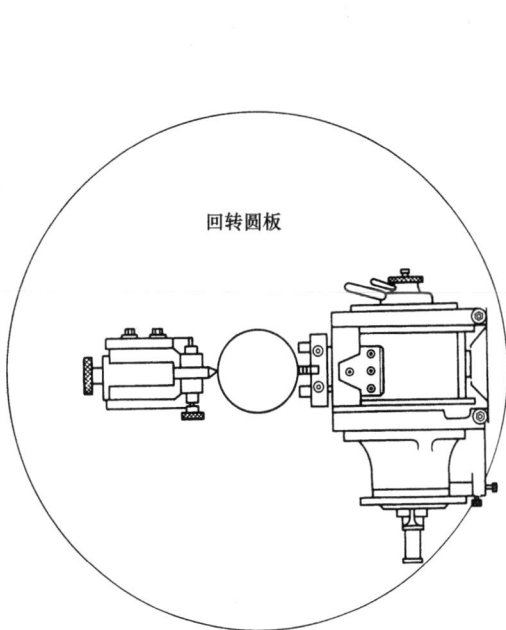

回转圆板

图2　转动圆板（圆台）和分度头并用

铣刀的标准加工条件

工件材料	分类	使用硬质合金铣刀（切削功率5kW）				使用高速钢铣刀（切削功率3.7kW）			
		正面铣刀	平铣刀	侧铣刀沟槽铣	立铣刀侧面铣	正面铣刀	平铣刀	侧铣刀沟槽铣	立铣刀侧面铣
		加工量 90mm	加工量 90mm	加工量 22mm	加工量 15mm	加工量 90mm	加工量 90mm	加工量 22mm	加工量 15mm
铸铁	v	90~100	90~100	90~100	75△	20~25	20~25	20~25	13△
	a	3	3	12	2	3	3	12	2
	F	140~250×	120~200×	130~245×	95~145○	120~190×	110~190×	55~100●	35~55○
	f_z	0.07~0.09	0.04~0.06	0.04~0.07	0.02	0.24~0.30	0.17~0.24	0.08~0.12	0.01~0.02
	Q	40~65	22~23	35~65	2.8~4.4	32~52	30~52	26.4~30.0	1.1~1.7
碳素钢	v	70~100	70~100	70~100	47△	20~25	20~25	20~25	13△
	a	3	3	12	2	3	3	12	2
	F	95~185×	80~128×	85~155×	60~85○	60~110×	55~105×	50~70●	25~35○
	f_z	0.11~0.15	0.04	0.04~0.05	0.01	0.12~0.17	0.09~0.13	0.02~0.08	0.01
	Q	26~50	22~23	22~41	1.8~2.5	16~30	15~28	13.5~18.5	0.8~1.1
合金钢	v	60	60	60	47△	16	16	16	13
	a	3	3	12	2	3	3	12	2
	F	70×	60×	60×	45○	40	40	30●	20○
	f_z	0.09	0.03	0.03	0.01	10	0.08	0.06	0.01
	Q	1.9	16	17	1.3	11	11	7.9	0.6
铸铁及可锻铸铁	v	90	90	90	47△	22~25	22~25	22~25	13△
	a	3	3	12	2	3	3	12	2
	F	135~185×	100~120×	115~135×	70~95○	90~120×	90~110×	60~80●	30~35○
	f_z	0.12~0.16	0.04	0.04	0.01~0.02	0.16~0.19	1.13~0.14	0.08~0.09	0.01
	Q	37~50	28~33	30~36	2.1~2.9	24~32	24~30	15.8~21.2	0.9~1.1
铜及铜合金	v	180~200	180~200	180~200	47△	40~120	40~120	40~120	13△
	a	3	3	12	2	3	3	12~10	2
	F	260~330×	220~280×	245~320×	145~170	190~205×	185~200×	140~260○×	55~65○
	f_z	0.06	0.04	0.04~0.05	0.02~0.03	0.19~0.07	0.15~0.05	0.10~0.06	0.02~0.03
	Q	70~89	59~76	65~84	4.4~5.1	51~56	50~55	37.0~52.0	1.7~1.9
轻合金	v	300	300	300	47△	198△	134△	198△	13△
	a	3	3	12	2	3	3	12	2
	F	410×	490×	380×	235○	265×	255×	260×	90○
	f_z	0.05	0.06	0.04	0.04	0.05	0.04	0.04	0.04
	Q	111	98	100	7.1	72	69	69.0	2.7

注：v 为铣削速度，单位为 m/min；a 为铣削深度，单位为 mm；F 为进给速度，单位为 mm/min；f_z 为每齿进给量，单位为 mm/z；Q 为铣削容积，单位为 cm³/min。v 和 F 对应栏中的△表示速度，×表示动力，●表示每齿进给量，○表示铣刀强度。

铣刀每齿标准进给量

工件材料				每齿进给量 f_z/(mm/z)					
材料名称	性能	布氏硬度 H_B		正面铣刀	螺旋齿平铣刀	针孔及侧铣刀	立铣刀	成形铣刀	锯齿铣刀
高速钢铣刀	合金钢	硬质	300~400	0.1	0.075	0.075	0.05	0.05	0.025
		强韧	220~300	0.13	0.125	0.1	0.075	0.05	0.05
		退火	180~220	0.2	0.175	0.125	0.1	0.075	0.05
	低碳钢	可锻	152~197	0.25	0.2	0.13	0.125	0.075	0.075
		快铣	150~180	0.3	0.25	0.175	0.13	0.1	0.075
	铸铁	硬质	220~300	0.27	0.2	0.13	0.13	0.1	0.075
		半硬	180~220	0.325	0.25	0.175	0.175	0.1	0.075
		软质	150~180	0.4	0.325	0.225	0.2	0.125	0.1
	黄铜及青铜	硬质	150~250	0.225	0.175	0.13	0.125	0.075	0.5
		半硬	100~150	0.35	0.27	0.2	0.175	0.1	0.075
		快铣	80~100	0.55	0.45	0.325	0.27	0.175	0.125
	镁及其合金			0.55	0.45	0.325	0.27	0.175	0.125
	铝及其合金			0.55	0.45	0.325	0.27	0.175	0.125
	塑料			0.375	0.3	0.225	0.175	0.175	0.1
硬质合金铣刀	合金钢	硬质	300~400	0.25	0.2	0.13	0.125	0.075	0.075
		强韧	220~300	0.3	0.25	0.175	0.13	0.1	0.075
		退火	180~220	0.35	0.27	0.2	0.175	0.1	0.1
	低碳素钢	可锻	152~197	0.35	0.27	0.2	0.175	0.1	0.1
		快铣	150~180	0.4	0.325	0.225	0.2	0.125	0.1
	铸铁	硬质	220~300	0.3	0.25	0.175	0.13	0.1	0.075
		半硬	180~220	0.4	0.325	0.25	0.2	0.125	0.1
		软质	150~180	0.5	0.4	0.3	0.25	0.13	0.125
	黄铜及青铜	硬质		0.25	0.2	0.13	0.125	0.075	0.075
		半硬		0.3	0.25	0.175	0.13	0.1	0.075
		快铣		0.5	0.4	0.3	0.25	0.13	0.125
	镁及其合金			0.5	0.4	0.3	0.25	0.13	0.125
	铝及其合金			0.5	0.4	0.3	0.25	0.13	0.125
	塑料			0.375	0.3	0.225	0.175	0.125	0.1

升降台式铣床的运行精度检查 （1） 工作精度

(单位:mm)

检查事项	检查方法	图样	工作台的移动	工具 硬质合金平铣刀和正面铣刀①的直径	工件尺寸		允许误差
					l	b 或 h	
平面铣削精度	将工件安装在工作台上，用平铣刀进行铣削，沿着工作台面移动安装在表面上的测试指示器，如图所示测定9点，以读取的最大差作为测定值		< 400	60	工作台的左右移动约为1/2	没有特别规定	0.015
			400~800	75	200 ~ 300	60 ~ 90	0.02
			800~1500	100	约400	约90	0.025
侧面铣削精度②	将工件安装在工作台上，用正面铣刀从侧面进行铣削，移动安装在工作台上面的测试指示器，如图所示测定9点③，以读取的最大差作为测定值		< 400	没有特别规定	工作台的左右移动约为1/2	没有特别规定	0.015
			400~800	100 ~ 150	200 ~ 300	60 ~ 90	0.02
			800~1500	200	约400	约120	0.025

① 不是硬质合金铣刀也行。

② 工件侧面没有退刀槽，铣刀最好不要碰撞到工作台上面。

③ 测定的时候，上下方向以及前后方向要夹紧，左右方向则不必如此。

升降台式铣床的运行精度检查 （2） ^{刚性}

（单位:mm）

功　　能	方　　法

主轴支撑装置及工作台左右方向的刚性

检查点

（1）将悬臂固定于任一位置，工作台固定于其前后及左右移动的中间位置。将主轴支持装置固定于与工作台左右方向的中心线垂直的50mm前方处，以支持主轴

此时在上述垂直面上，在工作台和悬臂之间，在轴心朝左和朝右的方向上都加以负荷（P_x），这时测量相对于工作台的悬臂左右方向的位移

（2）负荷（P_x）如下表所示，可根据比例计算求出。

主轴电动机的使用规格^①/kW	2.2	3.7	7.5	11	15	19	22	26
负荷 P_x/kg	40	80	130	200	300	400	430	580

（3）不使用支撑臂

主轴支撑装置及工作台上下方向的刚性

（1）将悬臂固定于任一位置，工作台固定于其前后及左右移动的中间位置。将主轴支持装置固定于与工作台左右方向的中心线垂直的50mm前方处，以支持主轴此时在上述垂直面上，在工作台和悬臂之间，在轴心朝上的方向上加负荷（P_z），这时测量相对于工作台的悬臂上下方向的位移

（2）负荷（P_z）的计算如下

　　$P_z = 0.4\,P_x$

（3）不使用支撑臂

---

① 如果有步进电动机也包括在内。

145

立式升降台铣床的精度检查 （1）

（单位：mm）

检查项目	检查方法	检查方法图示	允许误差		
			工作台的运行		
			<500	500~1000	1000~1500
主轴的偏差	将测试指示器放在主轴外径上，以主轴转动过程中读取的最大差作为测定值		0.01		
主轴孔的偏差	将检测棒装入主轴孔，将测试指示器分别放在测试棒安装方向的口径及其前端处，将主轴转动时读取的最大差值作为测定值		测试棒安装方向的口径为 0.01 300 的位置为 0.02		
工作台的左右运动与其上面的平行度	将安装于固定位置(如主轴)的测试指示器与工作台上面接触，操纵工作台移动，将测试指示器读取全移动范围内的最大差作为测定值。注:测定时将升降台紧紧固定		0.02	0.03	0.04
工作台的前后运动与其上面的平行度	将安装于固定位置(如主轴)的测试指示器与工作台上面接触，操纵工作台移动，将测试指示器读取的全移动范围内的最大差作为测定值。注:测定时将升降台紧紧固定		0.02		

立式升降台铣床的精度检查 （2）

(单位：mm)

检查项目		检查方法	检查方法图示	允许偏差		
				工作台的运行		
				<500	500~1000	1000~1500
主轴头的转动与工作台的垂直度	左右方向	将直角尺放在工作台上，让卡在主轴头中的测试指示器与直角尺接触，将固定于上端和下端时测试指示器读取的差值作为测定值。注:测定时将升降台固定好	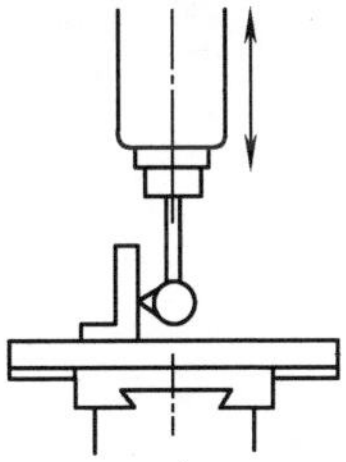	主轴头的转动在 100 以下时为 0.01 超过 100 时为 0.02		
	前后方向			主轴头的转动在 100 以下时为 0.01 超过 100 时为 0.02 工作台的前端必须很低		
工作台的运行与升降台运动的垂直度	左右方向	将工作台面置于左右及前后运动的中央位置，将直角尺放于其上，让安装于固定位置（比如在主轴头中）的测试指示器与直角尺接触，以升降台固定于接近支杆滑动面下端以及比下端位置稍高时测试指示器读取的差值作为测定值	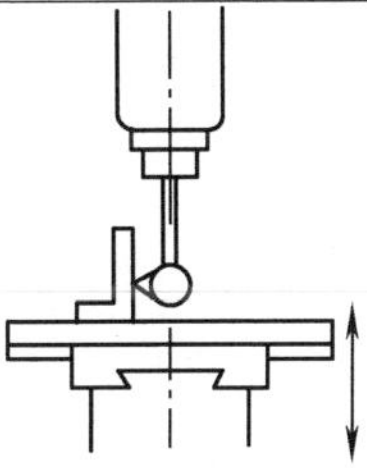	关于 300 0.02		
	前后方向			关于 300 0.02 工作台的前端必须很低		

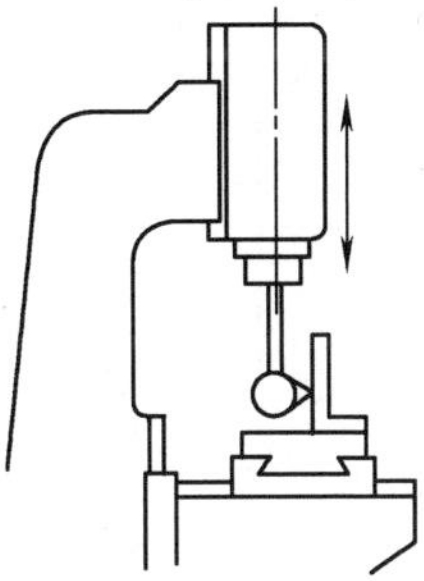

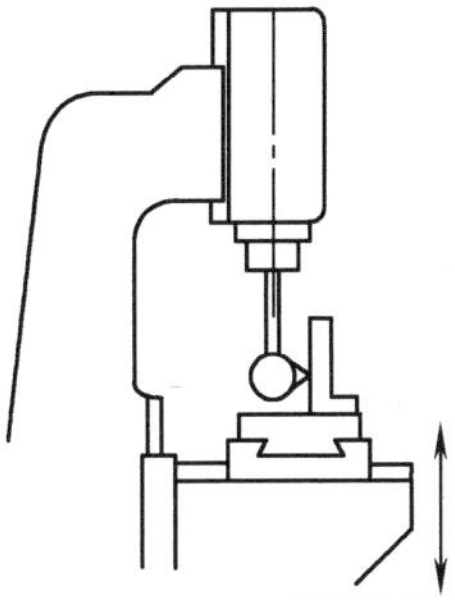

铣床加工条件速查表

铣刀直径 mm | 铣削速度 m/min | 转速 r/min | 切削刃数 刃/min | | 铣刀齿数 | 进给量 mm/min | 每齿进给量 mm/z

例 1

铣刀直径为 φ80mm，齿数为 8，铣削速度为 106m/min，工作台传送至 330mm 时根据表格，先将直径 φ80 处与铣削速度 106 连接，根据其延长线求得主轴转数为 418r/min。接着，将转数 418 与铣刀刃数 8 相连，求得每分钟的齿数为 3344。最后，将 3344 移至右侧同一位置，与进给量 330 相连，根据其延长线，求得每齿进给量为 0.1mm/z。

例 2

铣刀直径为 φ150mm，齿数为 6，主轴转速为 208r/min，工作台传送至 375mm 时将铣刀直径 φ150 与转速 208 相连，根据其交点，求得铣削速度为 98m/min。以下与例 1 相同，1min 的切削齿数为 1248，求得每齿进给量为 0.3 mm/z。

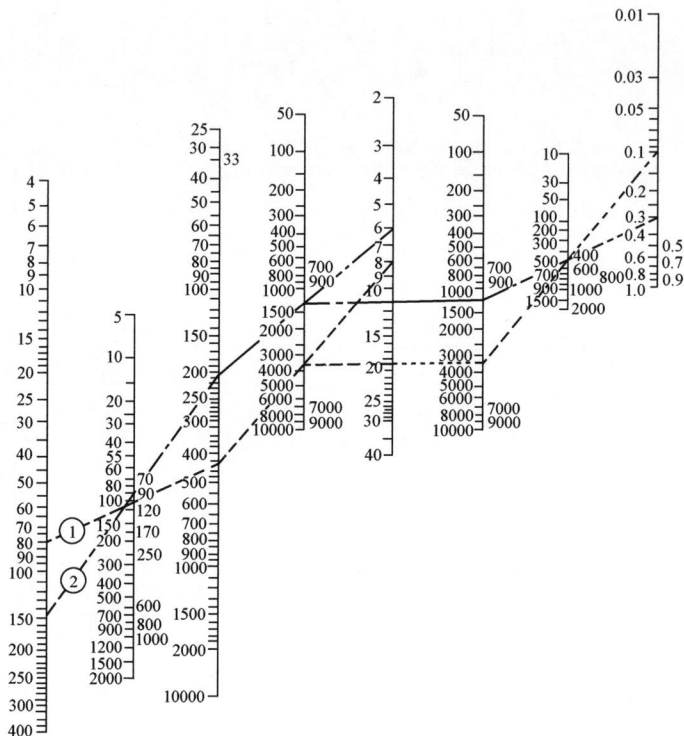

铣床故障排除速查表 （1）

轴鞍工作台

轴鞍无法前后停止传送
- 分离停止传送或检查
- 校正分离杆
- 并校正更换所有锥销孔
- 并检查弹性升降台相关部件是否脱落，

轴鞍时右前异响传送
- 油螺钉检查部分的供
- 斜滑面的供油滑动
- 供油孔撑架
- 磨合
- 有无擦伤面

装上摇柄晃动后
- 供在油
- 柄内面和轴校正摇面如不良则
- 再供油
- 检查摇柄弹簧

工作台加速传送时刻度盘脱落
- 弹性主轴不好则是否
- 则如更换弹性不好
- 工作台轻移
- 有升降台前面响动
- 有声响滚珠滚动
- 有安全装置无磨损
- 有超越离合器无磨损

工作台时常停止左右传送
- 问题并更换检查刻度盘的
- 工作台手动检查
- 不平工作台严重
- 分解工作台部分不良
- 咬死检查有无现象
- 套检筒查的间隙
- 损坏注意开关的

升降台

工作台无法左右传送
- 照明无法升降台时参
- 调试电源不良整流器
- 蜗杆螺钉是否承入组合
- 整流器固定电源的螺母
- 如更换螺母
- 有无在金属的斜齿咬死
- 最右检查咬死部位的间隙最左

升降台上下杆进不去
- 检查轴承
- 有无生锈
- 如生锈
- 部位分解轴相关
- 更换油封

传送电动机发出异响
- 机的检查运输送电动
- 有齿隙无挂消除上装置
- 轴承的检查
- 如坏则更换
- 检查整流器的固定电源螺母
- 运传动齿轮是否
- 无运转齿隙时是否

传送电动机无法运转
- 到起了动限杆位的开触关点是否压
- 的检热查能配继电电器盘上
- 烧坏检查线圈是否
- 按下按钮检查配电盘

不能上下传送电动机
- 转无送电异常动机运
- 运工动作检台查左右
- 无检查有松动螺钉
- 脱用脂汽油给衬套
- 是安否全工离作合器
- 的检查制动器上下手柄

加速传送运转超限
- 拆开旋钮
- 刹检车查装旋置钮里的
- 脱拆开车上装下置轴的
- 刹车装置
- 校正顶死装置

不能加速传送电动机
- 不运传转送电动机
- 是滑否动有限效位开关
- 的检触查点电磁开关
- 调整电磁开关
- 检仍查未离改合善器时
- 检查离合器

加速传送不停止
- 速拆开升传送降部台分加
- 更换离合器
- 接线
- 无效时检查
- 沿逆时针方向
- 检查轴承

主轴停止传送仍在
- 限检位查开操关纵杆的
- 的位限置位偏开离关
- 螺校钉正固后定用
- 离若合无器法或校检正查则油更量换
- 检查轴承
- 换如多有板异离常合则更

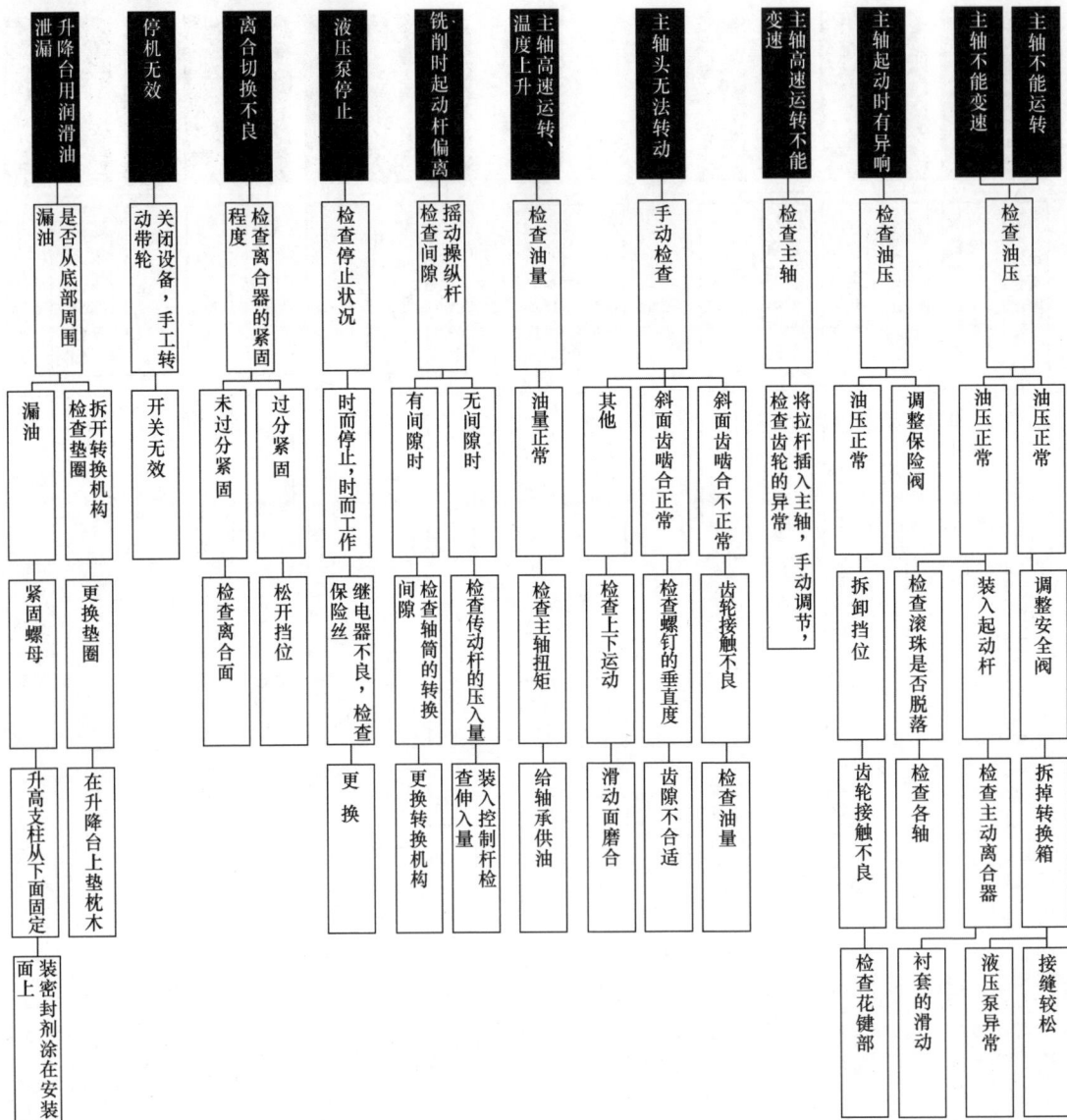

铣床故障排除速查表 （2）

转向轴

泄漏 / 升降台用润滑油偏离
- 漏油
  - 是否从底部周围
    - 漏油
      - 紧固螺母
        - 升高支柱从下面固定
        - 装密封剂涂在安装面上
    - 检查拆开转换机构
      - 更换垫圈
        - 在升降台上垫枕木

停机无效
- 关闭设备，手工转动带轮
  - 开关无效

离合切换不良
- 检查离合器的紧固程度
  - 未过分紧固
    - 检查离合面
  - 过分紧固
    - 松开挡位

液压泵停止
- 检查停止状况
  - 时而停止，时而工作
    - 继电器不良，保险丝，检查
      - 更换

铣削时起动杆偏离
- 检查间隙
  - 摇动操纵杆
    - 有间隙时
      - 间隙
        - 更换转换机构
    - 无间隙时
      - 检查轴筒的转换
      - 检查传动杆的压入量
        - 装入控制杆检查伸入量

温度上升 / 主轴高速运转、
- 检查油量
  - 油量正常
    - 检查主轴扭矩
      - 给轴承供油

主轴头无法转动
- 手动检查
  - 其他
    - 检查上下运动
      - 滑动面磨合
  - 斜面齿啮合正常
    - 检查螺钉的垂直度
      - 齿隙不合适
  - 斜面齿啮合不正常
    - 齿轮接触不良
      - 检查油量

变速 / 主轴高速运转不能
- 检查主轴
  - 将拉杆插入主轴，手动调节，检查齿轮的异常

主轴起动时有异响
- 检查油压
  - 油压正常
    - 拆卸挡位
      - 齿轮接触不良
        - 检查花键部
  - 调整保险阀
    - 检查滚珠是否脱落
      - 检查各轴
        - 衬套的滑动

主轴不能变速
- 检查油压
  - 油压正常
    - 装入起动杆
      - 检查主动离合器
        - 液压泵异常

主轴不能运转
- 检查油压
  - 油压正常
    - 调整安全阀
      - 拆掉转换箱
        - 接缝较松

工序

用铣床加工的零件形状多种多样。如果是复杂的形状，可以有多种加工工序。进行切削加工的工序不同，效率也会有很大差别。

这不仅仅是时间的问题，有时很难测定，有时不能测定，有时通用的工夹具不能使用，更糟糕的情况是无法加工，也有可能用的是不合格产品。

制订加工工序时，需要掌握基准面的确定、检测等一些基本技能。操作者所使用的设备、工夹具及测量仪器是不同的，这里只简单介绍几例。

工序的研究（1）

技能测试及工序

技能测试里出现的问题，一般都是由基本操作组成，并规定了统一的使用工具及时间。这里列举的是一个考试题目，是在一定条件下制订工序的一个例子。这里所说的工序都按同一标准制订。

＊考试题目

　　如下图所示，制作零件①和②时，分别将曲面部分（A_1 和 A_2）及锥面部分（B_1 和 B_2）适当嵌合起来。

　　（1）材料　SS41。

　　① 28mm × 35mm × 65mm 工件 1 个。

　　② 28mm × 55mm × 75mm 工件 1 个。

　　（2）考试时间　标准时间为 150min，最多可延长至 180min。

　　注：锥面部分的 25 和 30 是指，将 B_1 或者 B_2 的误差控制在 ± 0.2mm 之内，嵌合 B_1 及 B_2 时 25mm 一端的误差控制在 ± 0.15mm 之内。

① ▽▽（▽）

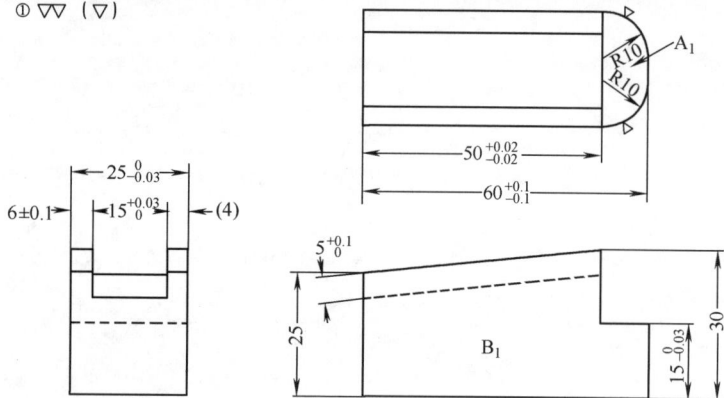

② ▽▽（▽）

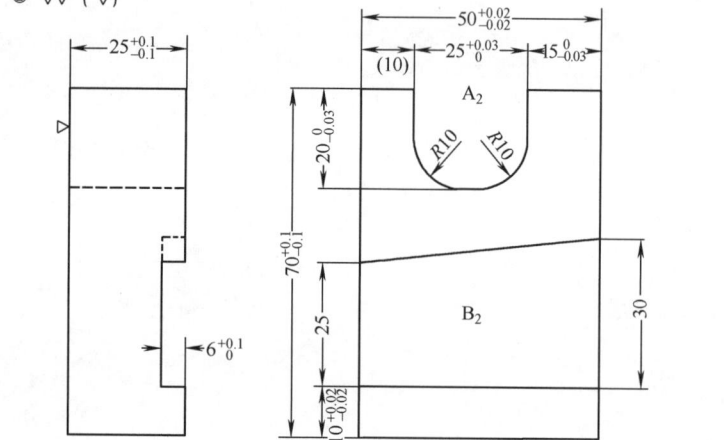

152

* 使用工具

区 分		工 具	尺寸或规格	数量	注意事项
测试者所带物品	工具及其他	锥形杆立铣刀(粗铣用) 锥形杆立铣刀(抛光用) 套筒或接合器(φ14立铣刀用) (φ20立铣刀用) 刀头 刀头托架 圆状针 锉刀 钢丝刷 罗盘 冲模穿孔机 打格针 磨石 防尘眼镜	φ14mm 及 φ20mm φ14mm 及 φ20mm(多刀) 莫氏2号锥 锥形杆为莫氏3号锥	各1 各1 各1 小于4个 1 1 1 1 1 1 1 1 1	立铣刀全部为高速钢材质 刀头为高速钢,4件里准备2件 2件用托架 用于去毛刺
	测量工具	最小刻度为0.05mm或0.02mm的游标卡尺 0.01测微器 深度规 丁字尺 标度 测径规 外卡规 内径规	 0~25mm、50~75mm	1 1 1 1 1 1 1 1	所持游标卡尺附深度规的除外
测试场地准备的工具	机器	铣床	1号~3号的立式铣床或装有垂直附件的卧式铣床	1	仅限使用卧式铣床
	工具及其他	垂直附件 接合器或套筒 轴销 工具整理台 机用平口钳 钳口板 垫板(正值台) 划线盘	莫氏3号锥 根据机用平口钳调整尺度的工具	1 1 1 1 1 1组(2个) 若干 1	接合器或套筒 已安装在铣床主轴里 取柄用 非回转台
		刻度柄 活扳手或螺钉钳 铁锤 木槌 切削液 油罐 电刷 铅丹 小扫帚 设备油 注油器 绿色染料等	根据铣床调整尺度的工具	1 若干 1 1 若干 1 1 若干 1 若干 1 若干	铜锤,铅锤亦可 装切削液 用于滴下切削液 嵌合操作用 消除切屑
	测量工具	废棉纱头 度盘式指示器 托架		若干 1 1	

153

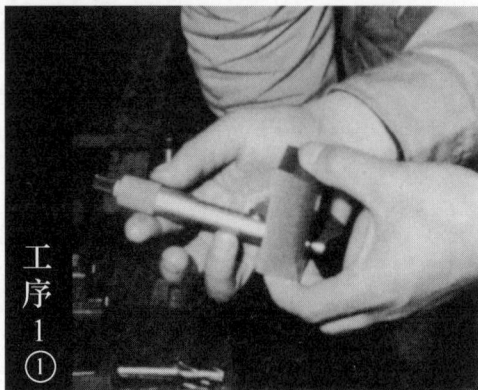

工序
1
①

第一道工序是制作六面体（参照 72 页）。只要按照规范进行操作就没什么问题，但需注意直角度、平行度要准确。

工件①的尺寸 $25_{-0.03}^{0}$ mm，为了做成工件② A_2 部的量规，要抛光至 $25_{-0.01}^{0}$ mm。

工序
1
②

工件②的厚度为 $25_{-0.1}^{+0.1}$ mm，为了减小倾斜槽装配时的误差，要抛光至 $25_{-0.05}^{+0.05}$ mm。

工序
1
③

工件②的长度为 $70_{-0.1}^{+0.1}$ mm，要装入 A_2 部深为 $20_{0}^{+0.02}$ mm 的槽内，需要抛光至 $70_{-0.01}^{-0.01}$ mm，所以机用平口钳要垫上平台以测定两侧误差。

另外，宽度为 $50_{-0.02}^{+0.02}$ mm 时，要加工到 50.4mm 左右，以防加工 A_2 部时变形。

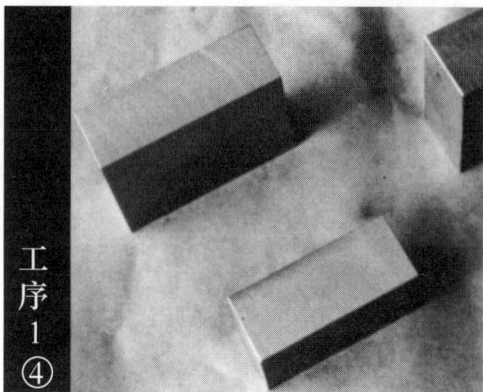

工序
1
④

六面体加工后的工件①、②。

工序2①

第 2 道工序是部件①A_1 部的阶梯加工。

阶梯加工的要领参见 76 页。只是在机用平口钳内安装时要提前测定 50mm 和 15mm。

工序2②

首先加工 A_1 部的厚度 $15_{-0.03}^{0}$ mm 并进行测量。可用千分尺和机用平口钳测量其尺寸。

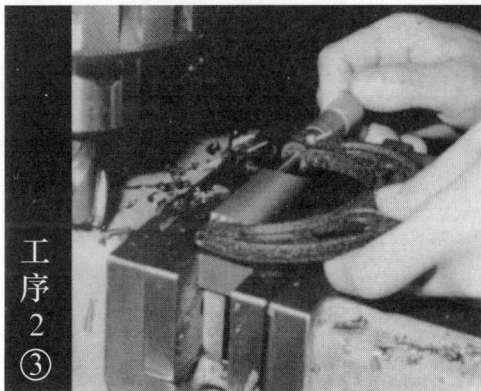

工序2③

然后，加工 $50_{-0.02}^{+0.02}$ mm 的部件，并进行测量。如图所示的加工方法是最容易测定的。

工序2④

第 2 道工序完成后，从机用平口钳上卸下部件①，如图所示。

工序 3 ①

第 3 道工序是部件②B_2 槽直线部和 A_2 部的加工。此时移动滑鞍，槽的深度误差要在 ±0.01mm 范围内。为了减小将部件①嵌入时的误差，要根据 ±0.02mm 左右的刻度进行加工。

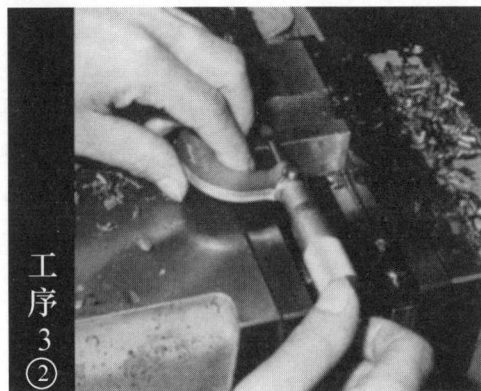

工序 3 ②

完成 $10^{+0.02}_{-0.02}$ mm 的加工。

工序 3 ③

部件②A_2 部的加工。因为是 R10，所以可利用立铣刀的半径将 $15^{0}_{-0.03}$ mm 的精度缩小到 $15^{0}_{-0.01}$ mm。这是为了使其成为部件①槽宽的量规。因为厚度较大，所以要注意立铣刀的锥度和垂直度。

工序 3 ④

A_2 部深度为 $20^{0}_{-0.03}$ mm 的尺寸，要用长为 50~70mm 的刻度尺来测量。最初制作六面体时将其控制在 $70^{0.01}_{0.0}$ mm 内，就是考虑到此道工序的缘故。因为深度的测量只能使用卡尺的深度杆，所以不能测量 –0.03~0mm 的范围。A_2 部深度的抛光，从另一侧控制在 $50^{0}_{-0.03}$ mm 范围内。

工序 3 ⑤

A_2 部宽 $25^{+0.03}_{0}$ mm 的尺寸也无法测定。①中的 25mm 工件是最初六面体抛光出来的工件。因为要作为量规使用，所以其宽度要更加精确，已控制在 $25^{0}_{-0.01}$ mm。

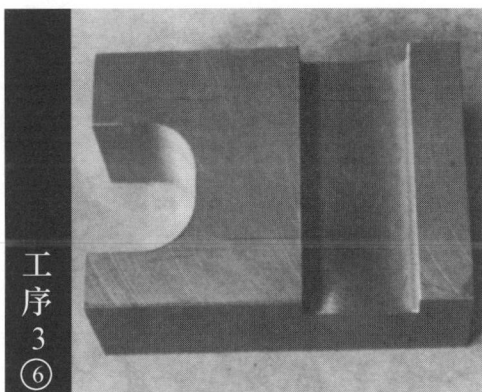

工序 4 ①

第 4 道工序是工件①A_1 的加工。以划线为准，双手操纵手柄进行逆铣。

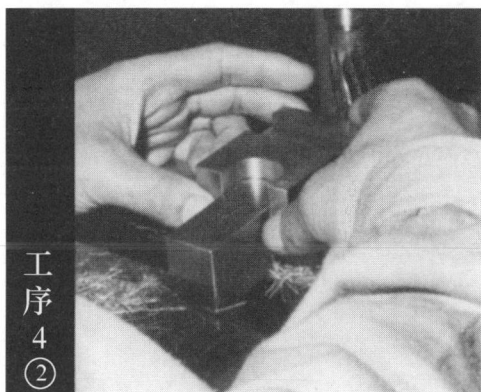

工序 3 ⑥

第 3 道工序完成后的工件②。

工序 4 ②

工件①的 A_1，用工件②A_2 部检测，就能精确加工。

*解释

工序 4 ③

A_1 部加工完成后的工件①。

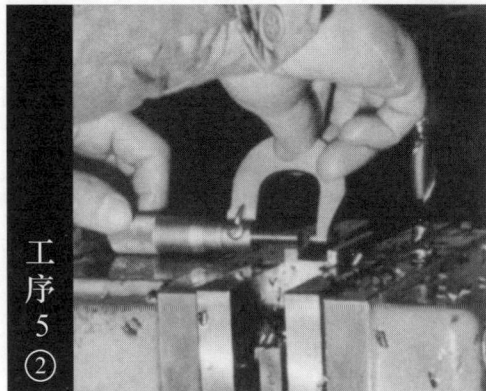

工序 5 ②

用 $\phi14mm$ 的立铣刀加工槽。首先，将 $6^{+0.1}_{-0.1}mm$ 尺寸误差控制在 $-0.05\sim0.05mm$ 范围内进行抛光。为了将工件②的 A_2 部做成量规，要控制在 $15^{+0.03}_{0}mm$ 范围内。

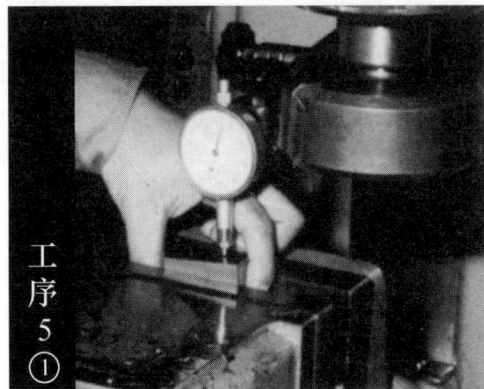

工序 5 ①

第 5 道工序是加工部件①的 B_1 锥部和宽度为 15mm 的槽。角度用指示表和传送工作台的手柄上的刻度来确定。前进 40mm，就会产生 4mm 的误差。锥形角度形成后，在正面铣床上铣削。这时，如果有高度为 25mm 的划归线，抛光就比较容易了。

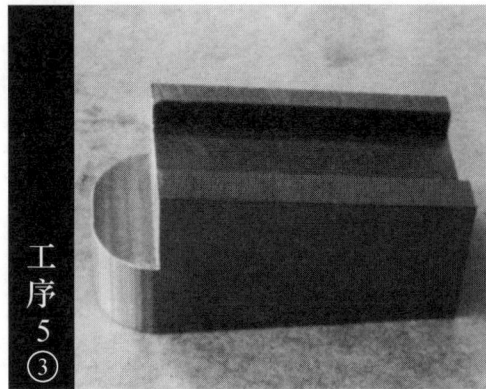

工序 5 ③

加工完成后的工件①。

158

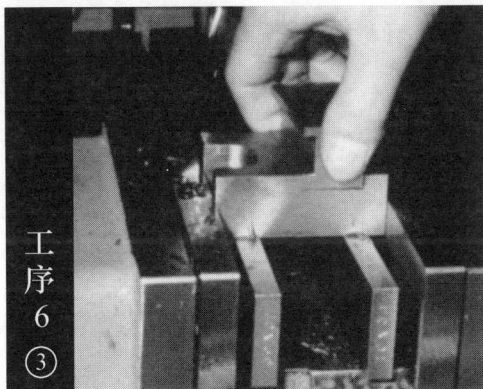

零件①、②的锥度完全在一个面上。

第 6 道工序是加工零件②的 B_2 锥面槽。如零件①那样，用千分尺确定机用平口钳的角度。把零件①的锥形部分固定在机用平口钳口的垫片上，并使机用平口钳口垫片角度与其锥度一致。

加工零件①的坡度 B_1。用量规测量零件①的锥面部分，判断嵌合度和加工余量。

如图所示为成品零件②。

如图所示是某设备的零件，仍是采用铣床加工完成的。

从图样来看它是非常简单的零件，当然实物也很简单，但是各个面都有一定角度，所以看图时需特别注意。

下面为零件的加工工序。

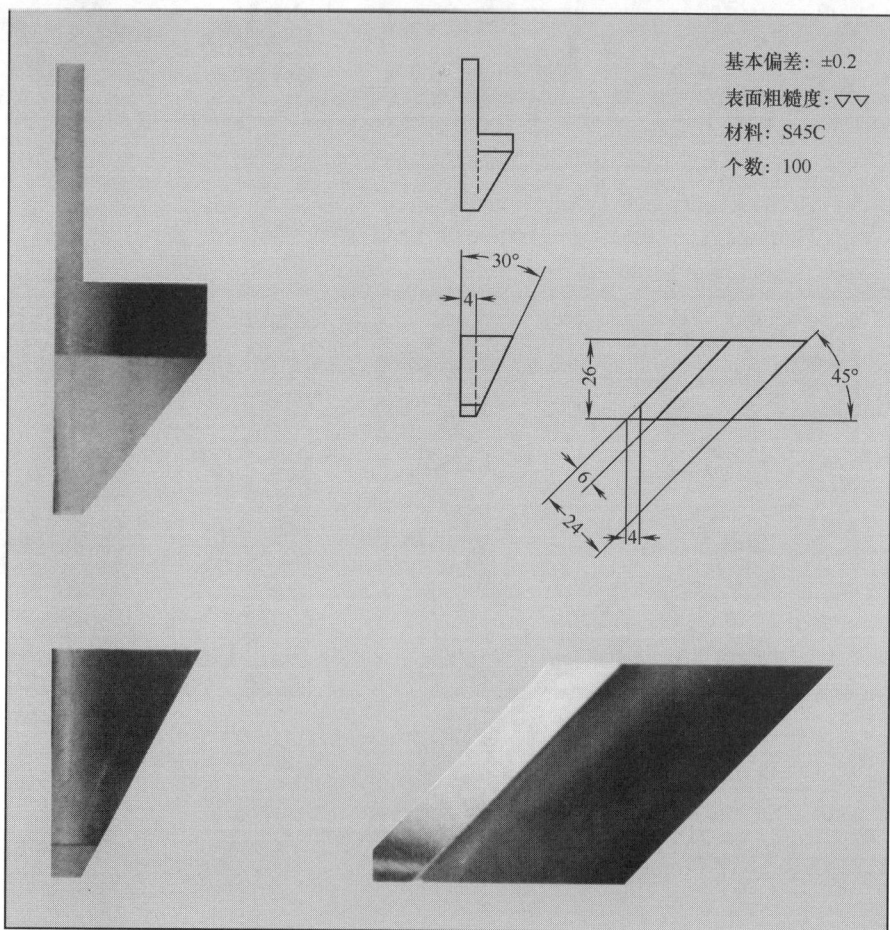

基本偏差：±0.2
表面粗糙度：▽▽
材料：S45C
个数：100

30°

4

26

6

24

4

45°

＊ 工序的探讨

设计工序时针对图样应首先讨论加工能否顺利完成，效率是否高，能否达到所指定的精度。

从图样来说，立式、卧式铣床都可用来加工，但要切断加工完的异型工件，则需要采用卧式铣床。通过倾斜垂直附件，不用专用夹具即可加工 30° 的锥面。

因此，要在卧式铣床上安装垂直附件来进行加工。

工件形状从照片可以看出，不是特别复杂。考虑成斜切 L 形工件就简单了。

公差和抛光都是铣床作业中的普通要求。

在加工中必须保证尺寸在公差范围内。

加工数量很大程度上会影响成本，如果加工 100 个工件，即使要制作简单的工件夹具，从成本的角度说也是划算的。所谓简单的工件夹具就是自己设计制作完成的，并且可以用在铣床上。

工件材料是 S45C（设备构造用碳钢素），铣削时没有特别的要求，其外角适合用面铣刀来加工。

其他加工位置适合采用立铣刀进行加工。一般在这种情况下，材料尺寸不注明。在此图中，加工工序不同，材料尺寸就不同，所以应先确定加工工序。但不能随便定一个尺寸，而是要使工件尺寸与机用平口钳口长度相等。由于不确定加工工序就无法确定尺寸，所以应先定加工工序，再决定尺寸。

* 选定异型材形状

在铣床作业中，比起一个个完整地进行加工，比较有效率的加工方法就是按所选定的形状取数个之后，再逐一切断。所取的数个形状一样的工件就称为异型材。

制作异型材的目的是为了缩短加工时间，确定异型材的形状时应考虑异型材的后续加工，如果后续加工困难，就可能失去了制作异性材的意义。

可以从最简单的异型材制作开始，其形状如图 1 所示。

决定图 1 所示的 3 种异型材中哪种最好时可参考下列两点：

① 加工时便于夹紧，后续加工也简单。

② 将加工耗时多和铣削余量多的部位制

成异型材。

据此比较一下这 3 种异型材的后续加工工序。

图 1 所示异型材 A 是 24mm × 19mm 的 L 形异型材。后续加工工序包括切断、加工 C4 倒角、取 30° 锥面。材料尺寸为 22mm × 27mm × 192mm（一批 6 个），共 17 根。但这也可以说是在加工倾斜 45° 的尺寸。

图 1 所示异型材 B 是 24mm × 26mm、倾斜 45° 的菱形异型材。后续工序是切断、抛光、加工成 L 形、铣削为 30° 锥面。材料尺寸为 29mm × 60mm × 184mm（一批 8 个），共 13 根。

图 1 所示异型材 C 是三角形异型材。后

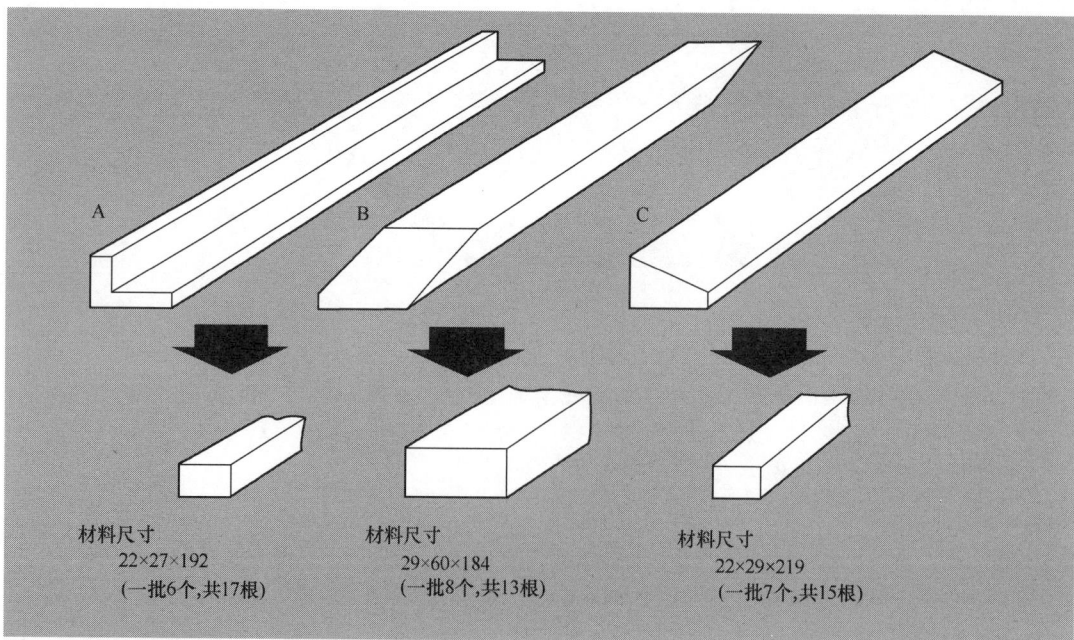

材料尺寸
22×27×192
（一批6个,共17根）

材料尺寸
29×60×184
（一批8个,共13根）

材料尺寸
22×29×219
（一批7个,共15根）

图1　3 种异型材的形状

162

续工序为切断（倾斜 45°）、加工成 L 形，加工 C4 倒角。材料尺寸为 22mm × 29mm × 219mm（一批 7 个），共 15 根。

试比较以上三种异型材。

比较最初的材料尺寸（A 为 22mm × 27mm × 29mm，B 为 29mm × 60mm × 22mm，C 为 22mm × 29mm × 60mm），可以得出制作异型材 B、C 所需材料约是 A 的 1 倍。

由六面体组成的异型材的加工顺序如图 2 所示。具体是：A、C 为第一道工序，B 为第二道工序。因此可以知道从工序的长短来看，A、C 是有利的。另外，两者加工的难度也差不多。

上面讲了制作异型材的两个条件。考虑到这两个条件，可知道图 1 所示异型材 A 是最有利于加工的。下图所示是从六面体铣成

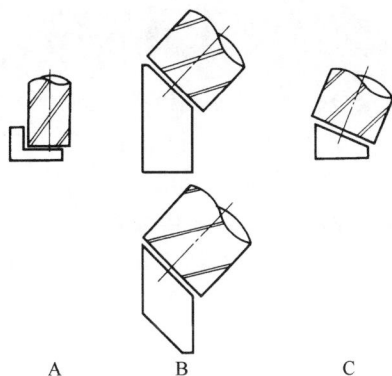

A   B   C

图 2　异型工件的加工过程

图 1 所示的异型材 A。

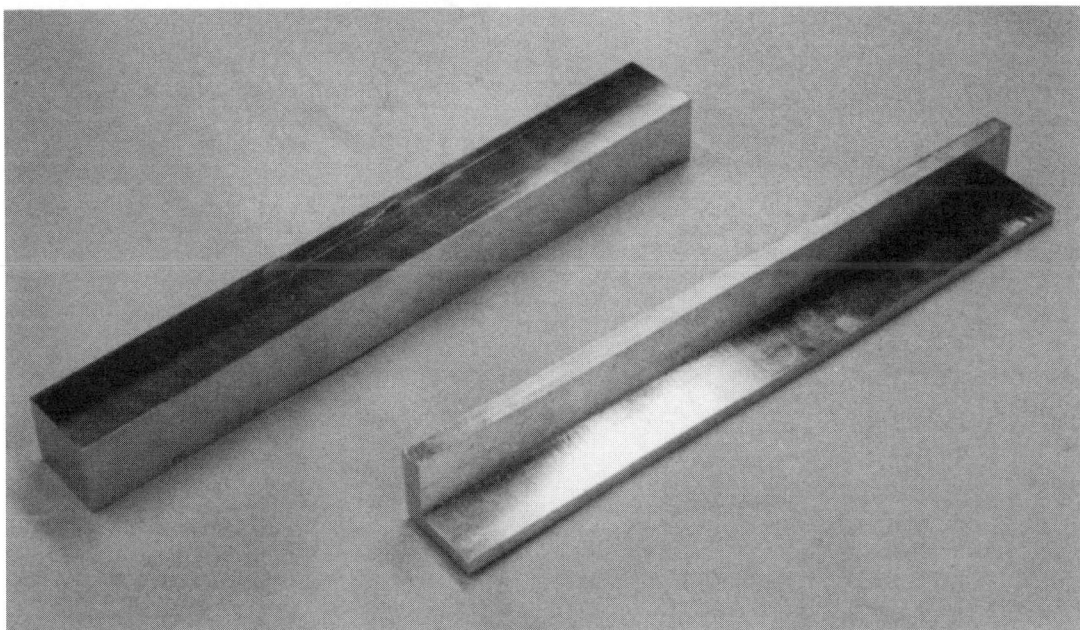

▲ 把左边的六面体工件铣削成右边的异型材

163

*宽度尺寸 26mm(倾角为 45°)的切断

切断 162 页图 1 所示的 L 形异型材 A 时,切断尺寸为 26mm,斜着切断(倾角为 45°)。切断后不用进行精铣。一般用铣刀加工,切断时切断面比较粗糙,也有弯曲,凹凸不平,并会产生毛刺,所以在切断后要进行抛光。但是考虑到效率,只能直接使用切断后的异型材。

为了保证切断后的工件能够直接使用,必须采用避免上述缺点的加工方法。一般的切断方法是,把铣刀放到机用平口钳钳口板端面的外侧,把机用平口钳倾斜 45°,然后进行切断。如果太短,就不能卡紧。为了弥补这个不足,可使用图 3 所示切断专用的特殊钳口板。如果异型材短,要想卡紧,可在钳口板的中央切断。

采用图 4 所示先推送工作台后进刀的切断方法,可能会导致弯曲。所以为了不弯曲,可采用从铣刀的下面提起升降台然后进刀的方法。

对切断面进行规整的抛光,需通过自动推送进刀。

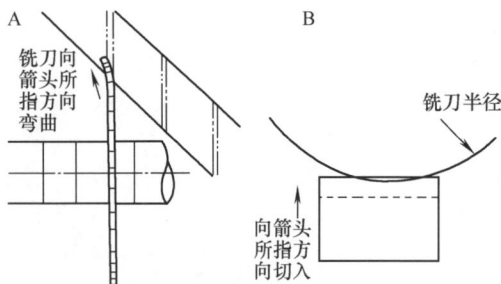

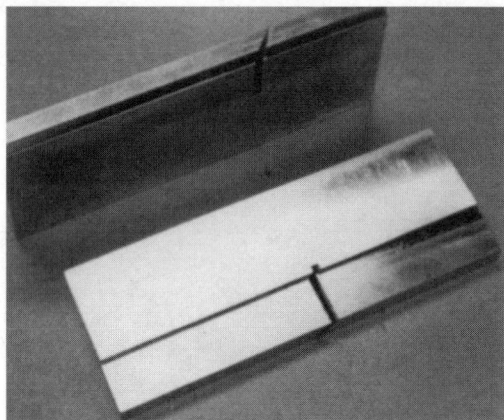

▲用机用平口钳夹住这个特殊钳口板

图 3　宽为 26mm 的切断钳口板

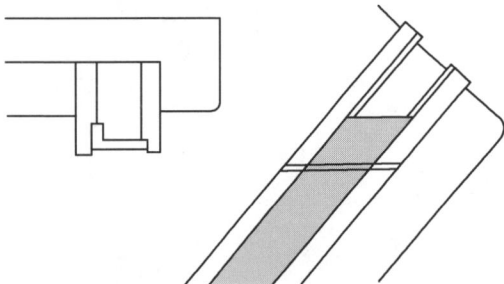

图 4　切断方法

▲切断处　　　　　　▲从正面看

*C4 倒角的加工

切断之后要加工的地方有 C4 倒角和 30°倾斜角。先加工哪个都可以，但是考虑到卡紧的程度，先加工 C4 倒角比较有利。

这里要卡紧如图 5 所示的宽度尺寸为 19mm。在固定工件位置时，制作并使用如图所示的工件夹具。

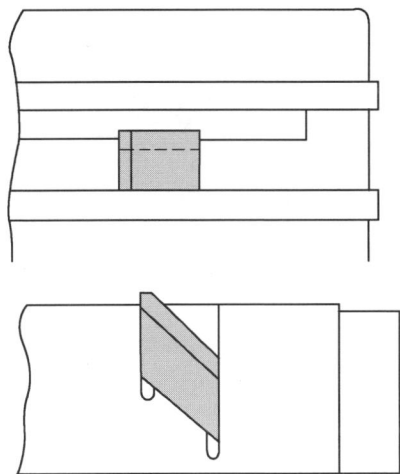
▲C4 倒角

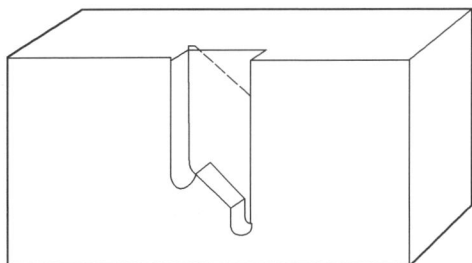

图 5　C4 倒角夹紧

▲这样嵌入工件夹具、定位卡紧

图 6　C4 倒角工件夹具

▲C4 倒角后的工件

*30° 锥面的加工

　　最后进行 30° 锥面的加工。把垂直附件倾斜 30°，用图 7 所示的方法进行加工。

　　用工件夹具卡紧宽度 26mm。但因为形状是菱形，不能完全卡紧。因此，铣削时必须慎重。切入加工大概分 3 次进行。

　　以上讲了加工工序，但这个作业并不限于这些。在用铣床进行的整体作业中，工件的安装、工件的定位、刀具的选定受到限制时，如何选择最好条件是决定加工工序的关键。在确定工序时需先考虑上述三个条件再考虑加工工序。

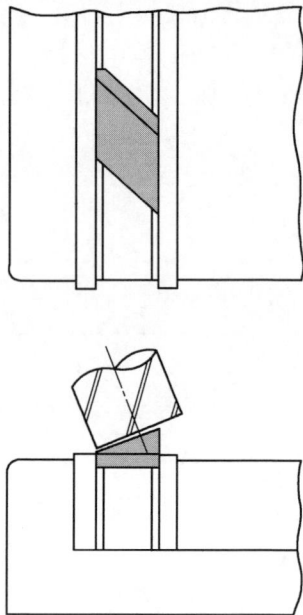

图 7　30° 锥面的加工

加工条件

使用设备	卧式铣床
使用安装工具	机用平口钳
使用刀具	硬质合金面铣刀
	双刃立铣刀
	拱形立铣刀
	金属锯
使用工件夹具	切断用钳口板
	加工 C4 倒角

* 关于加工时间的探讨

"花费最少的成本制作出最好的产品"，这对于从事生产制造的人来说应该是要牢牢记住的。虽然有时效率提高了，但是夹具费用却超出预算，这样总的成本就提高了。有时虽然加工单个工件的时间缩短了，但前期准备工件的时间太长，这样导致最终单件的平均加工时间也随之变长。为了避免类似问题的出现，应该在加工工序上多加考虑。

加工零件的个数不同，加工方法、工序也就不同，当然加工时间也会不同。最后来探讨一下在这种情况下计算加工时间的问题。

首先来看一下简单的加工时间的计算方法，通过对机器的运转进行分析，就可以计算出铣削时间在整体加工时间中所占的比例。

如某个产品（种类多、数量少）的铣削时间所占的比例为33%，可以知道铣削时间的3倍大约就是加工时间。占用时间的工作内容主要为：铣、控制操作、安装、卸下、测量、准备、安排、停止等。

首先，来看一下异型材的加工时间。先对 19mm × 24mm × 192mm 的框架四面进行加工，将17根分每次3根同时夹紧。将刀具设定为硬质合金面铣刀，直径为 ϕ100mm（刃数为6），铣削速度为90m/min，每齿的速度为0.1mm/min。可得到

$$转速 = \frac{90 \times 1000}{100 \times 3.14} r/min = \frac{90000}{314} r/min = 286 r/min$$

进给速度 =0.1 × 286 × 6mm/min=172mm/min。所以，192mm 的一面所用的时间约为 1.2min。因为是每次3根同时加工，所以，1.2min × 4 × 6=28.8min。再按照之前提到的铣削时间比率进行计算，得出加工时间为90min（1个为0.9min）。

对L形异型材进行加工时，用 ϕ30 的双刃螺旋齿立铣刀来铣削。加工中一次夹紧，用同一进给速度，变换铣削量。铣削速度为25m/min，每齿的进给速度为0.15mm/min，因此

$$转速 = \frac{25 \times 1000}{30 \times 3.14} r/min = 265 r/min$$

进给速度 =0.15 × 265 × 2mm/min= 79.6mm/min

铣削时间包括预铣时间和抛光时间，约为5min。要切17根所需要的时间为85min，那么铣削时间就约为其3倍，为255min。铣异型材的时间为90min+255min=345min（1个约为3.5min）。

这样可得出，各工序的铣削时间为加工时间的总和再加上工件夹具的制作时间，即

铣削用钳口板 60min

加工 4° 倒角的工件夹具 40min

总计为 100min

在最初决定工序（异型材制作的重要部分）时就如此计算，得到的数据就会更加全面。

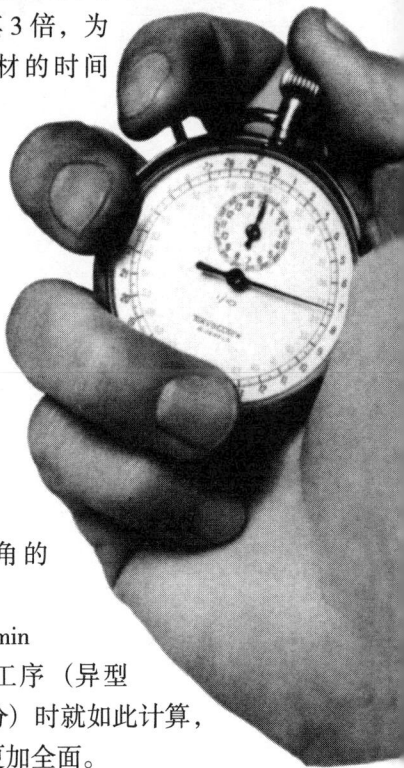

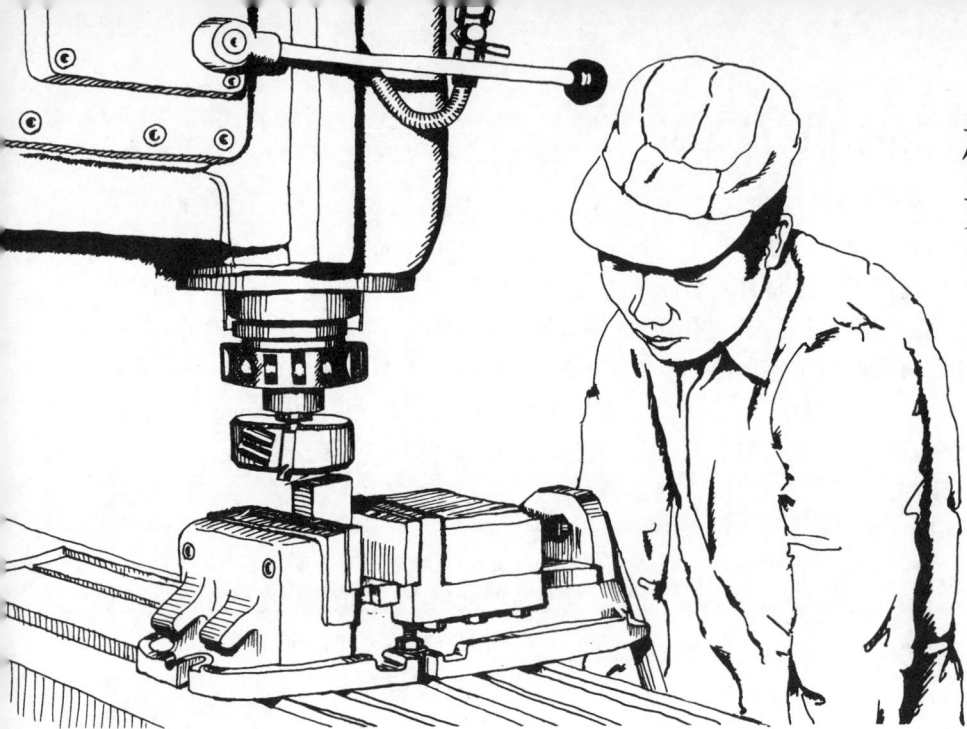

检验是否合格

★听取指示及说明时毫不遗漏

首先，要仔细阅读所发的"课题表"和"使用工具一览表"，这样一边看一边听，理解就更简单了。

① 在使用分配的机器和工具时，要仔细地逐一检查，如果有缺少的东西要及时汇报。特别是刀具类，还要确认其是否异常。如果在实验中损坏了，是不能更换的。

② 刀具在研磨机上是不能进行二次研磨的。但是，可以用磨石进行研磨，应好好利用。

★有效利用练习时间

③ 机器操作的练习和试铣的时间总共有30min。不但要熟悉自己使用机器的操作方法和特点，而且要使用实验材料进行试铣。这30min 是十分重要的。特别是试铣时应该铣面积大的一面。

试铣时还应该检查机器的精度和刻度，工作台的调节情况，动力传送带是否打滑，刀具的安装状态及其是否松动，工作台上台虎钳的位置（从操纵一侧看应是全长的 2/5 左右）以及与工作台平行度的检查（0.02mm 以内），照明情况，实验工件的加工情况（尺寸，平行度，直角度，损伤，熔断材料熔断面的硬化等是否存在异常现象，如有异常应及时向负责人报告），旋转速度，进给速度的设定等。

④ 要提前考虑工作时间的分配。因为标准时间为 2.5h，最多可延长至 3h，所以即使在 2.5h 内快速完成作业，也是不能加分的。但是，如果超出标准时间，即使在可延长时间最大值（30min）以内，也会根据超出的时间相应地减分。

一旦超过规定时间必须立刻终止操作，并提交未完成品。

★加工试验品与生产产品不同

⑤ 加工试验品与生产产品不同，在正式生产时，如果产品不在公差范围内就会成为废品。而加工试验品时，如果在公差范围内就可以得到满分，即使稍微偏离公差也能得到一些分数。

下面就来谈一下到底应该注意哪些部位的尺寸。

首先铣削零件①的R10。因为是靠手动操作进行加工的，所以即使不能铣出精确的曲面也没关系。只要平滑地和直线部分连接，并且没有明显的岔口就可以了。此时可以用零件②的曲面来代替量规进行测量。

其次是铣削坡度。此时不仅要考虑尺寸，还要从省时的角度出发进行合理加工。这也是我们探讨的关键问题之一。

一般规定25°~30°的坡度只要公差控制在±0.2°就行，可以说只要依靠划线就能满足要求。但是因为单品的坡度是没有考虑公差的，所以需要考虑如何以零件①的坡度为基准加工出与其配合的零件②的部位。坡度的配合十分重要，所以一定要注意。

注意下一步配合时的公差。规定公差为±0.15°，如果完全按照这个公差去铣坡度，就会产生无法想象的问题。因为坡度为1/10，所以为了将公差控制在0.15°以内，必须考虑0.015°以内的切入公差。

最后要注意实验零件①和②的尺寸包含了很多嵌合尺寸，所以不要只用游标卡尺或千分尺测量，如果能充分确认配合的问题，会方便很多。还有就是槽或坡度左右不配对，所以在铣削前一定要检查方向。如果方向搞错，无论单品尺寸是否在公差范围内，也会造成不良产品，肯定是不能及格的。

★工作态度也是考试的内容

⑥ 最后得分除了包括对制成品的分数，还包括对作业时间及实验期间作业态度的评价。出现以下情况将会被扣分。

a. 手在主轴转动中碰到刀具。

b. 在铣削作业中直接用手清除切屑，碰到了工件。

c. 戴着手套。

d. 产品、测量仪器掉落。

e. 直接将扳手、套筒等容易划伤工作台的工具放在工作台上，或者直接在工作台上敲击。

f. 划线盘在不使用时针尖未朝下。

g. 放在工具整理台上的工具、测量仪器未能摆放整齐。

h. 测量仪器在摆放时接触刀具。

i. 由于自己的粗心而受伤，超出救急箱能应对的范围。

⑦ 加工完成应立刻联系考官。特别是在标准时间和可延长时间的期限之间完成，因为会直接影响分数，所以应立即提交成品。然后再清扫使用过的设备及工具，收在一起提交。